猫护理指南

如何保持猫的健康和快乐

英国 DK 公司　著　任　阳　张礼根　主译

中国农业科学技术出版社

猫护理指南

如何保持猫的健康和快乐

著作权合同登记号：01-2022-3502

图书在版编目（CIP）数据

猫护理指南：如何保持猫的健康和快乐 / 英国 DK 公司著；任阳，张礼根主译．-- 北京：中国农业科学技术出版社，2022.7

COMPLETE CAT CARE—HOW TO KEEP YOUR CAT HEALTHY AND HAPPY

ISBN 978-7-5116-5800-5

Ⅰ.①猫… Ⅱ.①英… ②任… ③张… Ⅲ.①猫－饲养管理 Ⅳ.① S829.35

中国版本图书馆 CIP 数据核字（2022）第 113082 号

责任编辑 张志花
责任校对 李向荣
责任印制 姜义伟 王思文

出 版 者 中国农业科学技术出版社
北京市中关村南大街 12 号 邮编：100081
电 话 （010）82106636（编辑室）（010）82109702（发行部）
（010）82109709（读者服务部）
网 址 http:// www.castp.cn
经 销 者 各地新华书店
印 刷 者 广东金宣发包装科技有限公司
开 本 195 mm × 233 mm 1/16
印 张 6
字 数 155 千字
版 次 2022 年 7 月第 1 版 2022 年 7 月第 1 次印刷
定 价 80.00 元

For the curious
www.dk.com

目 录

△ **合理饮食**
确保猫的饮食营养均衡。关注体重，必要时要调整饲喂量。

▽ **娱乐**
猫一直到老年期都喜欢玩耍。户外有充足的娱乐空间，但如果把猫养在室内，就需要给它提供玩具。

△ **定期健康检查**
在家里定期检查猫的健康状况，并带它去宠物医院进行常规年度检查，帮助猫保持健康。

顾　问

Alison L Logan，文学硕士，兽医学学士，英国皇家兽医协会会员，1989年通过了剑桥大学兽医师认证，此后一直在家乡科尔切斯特从事小动物医学工作。她喜欢给非专业和专业出版物撰稿，包括*Cat World*、*Dog Today*、*Veterinary Times*、*Pet Plan*。Alison曾在1995年和2002年两次获得Vetoquinol文学奖。她还曾为一系列关于犬品种的书籍撰稿，同时也是DK *Complete Dog Care* 撰稿人。

主　译

任　阳

博士，毕业于浙江大学动物科学学院，动物营养与饲料科学专业，毕业后从事动物营养研发工作，现任上海福贝宠物用品股份有限公司研究院院长，主持犬猫营养研发工作。

张礼根

硕士，毕业于南京农业大学，动物营养与饲料科学专业，现任上海福贝宠物用品股份有限公司研究院研发主管，从事猫营养研究。

参　译(按姓氏笔画排序)

王　鹤　田　甜　李智华　汪蔚军　张亚男　周宪河
郑　珍　党　涵　高子朔　唐一鸣　黄　莉　戴慧茹

▽ **身体不适**
猫生病时不会抱怨。宠主应正确识别疾病的迹象并迅速采取行动。

△ **清洗和梳毛**
虽然猫擅长自行理毛，但仍需要宠主定期梳毛，以保持被毛处于最佳状态。短毛猫每周只需要梳理一次。

▽ **猫的语言**
猫的行为可以说明很多事情，但宠主必须学会理解它的“语言”。

前　言

在人类生活中为猫腾出空间并不难。数百万爱猫的宠主发现，无论是小房子还是大房子，猫都能适应。它们可以开心地安居在单人公寓里做一个专属伴侣，也可以在大家庭里获得很多家庭成员的关注。猫有着自由的灵魂。无论是在室内还是室外，猫都喜欢随遇而安，去想去的任何地方（家里允许进入的地方）。它们自由选择何时社交，何时走开，不需要每天散步，大多数猫都能忍受长时间独处。但是，尽管这些美丽的动物非常独立，照顾猫的工作也远不止提供碗里的食物和需要时提供舒适的大腿这么简单。猫需要人类关注它们的身心健康和福利，本书介绍了如何理解和回应它们的行为。

第一章将帮助大家确定是否准备好承担起养猫的责任，并提供有关必需品的指导以及让家变得舒适和防止猫进行破坏的实用性建议。接下来是关于日常护理的大量建议，包括从幼猫到老年猫各个阶段的梳毛、洗澡和喂食，应对行为问题和如何让猫玩得开心的建议。

关于健康，用两章详细介绍了猫的常见疾病，如何识别健康不佳的表现，当猫生病时或在紧急情况下应该做些什么，最重要的是什么时候去宠物医院。最后一章讨论了如果决定让猫繁育后代，需要做些什么，以及如何照顾好母猫和幼猫。

1

欢迎新猫

成为猫主人

养猫能给个人和家庭带来快乐与陪伴，但也意味着多年的责任。猫是活跃、聪明且长寿的，它们需要持续的照顾和关注。

首要考虑

在决定购买或领养猫之前，仔细考虑如何使它融入自己的生活方式。还要记住，宠主的责任可能是长期的——猫可以活20多年。

能否每日照顾猫？大多数猫都相对独立，但也有一些不喜欢整天独处。不要让猫超过24小时无人看管；确保在紧急情况下有人能照看它。如果经常不在家，可能不适合养猫。

猫是否适合家里所有成员？在猫的成长过程中如果没有儿童的参与，那么今后再让它们与儿童相处的话，会给猫造成不小的压力。如果家庭成员患有过敏症、视力障碍或行动受限，家中有猫是一个潜在的危险。

想要幼猫还是成年猫？幼猫需要更多的照顾和管理。所以，要现实地考虑一下，自己可以留出多少时间来做这些事情，如训练猫使用猫砂盆和每天喂食4次。如果考虑养成年猫，它之前的经历会决定它是否能适应家庭。例如，对儿童不习惯的猫可能会觉得和他们一起生活很有压力（收容成年猫的救援中心会尽最大努力避免这种不适应，详见第13页）。

猫是养在室内还是室外？把猫养在家里通常比较安全，但大多数猫需要探险和刺激，很少有家庭能满足所有这类需求。之前总是能自由出入的成猫，可能无法很好地适应室内生活。猫是捕猎者，如果允许猫自由出入，就必须接受它可能会把猎物带回家。如果养在室内，猫不可避免会到处掉毛，还可能在家具上留下爪印。

喜欢安静的猫还是活泼的猫？如果选择纯种猫（详见第14~15页），可以参照其品种获知性格方面的信息，杂交猫性格则更未知。无论是纯种猫还是杂交猫，个体性格都会受到早期生活

> “**养猫**需要数量**惊人的**资源……确保能负担得起**终身的护护费用。**”

◁ **从小饲养**
幼猫通常比成年猫适应能力更强。如果新家与之前的生活环境相似，幼猫大概率能适应，不会有什么问题。

◁ **陪伴**
良好的猫饲养不仅仅是每日喂食和提供猫窝。如果猫喜欢和人在一起，那么给予它足够的关爱，这对猫的精神健康是至关重要的。

宠主的责任

- 提供干净的食物和水
- 满足猫对陪伴的需求
- 提供可选择的资源，如猫窝和猫砂盆
- 提供足够的刺激，确保猫保持健康和快乐
- 必要时梳毛（和洗澡）
- 对幼猫进行社会化训练以便它们能从容应对各种情况
- 需要时寻求宠物医生的护理
- 给猫植入微型芯片，给它佩戴能够快速解开的安全项圈和身份标签

经历和父母性格的影响。

想要公猫还是母猫？一般来说，绝育猫在行为和性情上没有差异。未绝育公猫可能会到处闲逛并呲尿，而发情母猫可能会躁动不安。

猫护理要点

养猫需要数量惊人的资源，而且可能很昂贵，所以要确保能负担得起终身护理。基本支出包括购买食物、碗、猫窝、猫砂盆、活动门、猫包或航空箱、梳毛工具、微型芯片、保险及宠物护理的费用。

为猫提供物质需求的同时，也要考虑到它的精神需求。猫很容易变得无聊，尤其是不经常出门的猫，这会导致破坏性行为。可以购买各种各样的猫玩具和猫抓板，但花时间和猫互动与提供玩具同样重要。因为猫也有精神需求，如拥抱和游戏。

猫需要定期梳毛，偶尔洗澡。对于一只长毛猫来说，每天花半个小时进行梳毛是必不可少的（详见第32~33页）。短毛猫花费的时间要少得多，但至少每周需要梳一次毛。

有时可能需要安排猫保姆。不管是寄养，还是聘请专业的猫保姆，都可能会产生相当多的费用。

在道德上宠主要对猫的福利负责，许多国家也有相应的法律规定。基本饲养包括为猫提供能正常表达行为的安全环境、合适的食物和清洁的水、必要时的预防保健和治疗，以及保护它免受不必要的痛苦。

◁ **离开**
如果猫不得不让别人临时照看，宠主仍然需要对此负责。可能需要花时间找到一家声誉良好的寄养猫舍或宠物看护服务机构，以提供适当的照顾。

寻找合适的猫

一旦决定要承担起养猫的责任，就可以开始寻找理想的宠物了。选择多种多样，但需要仔细挑选，确保结果令人愉快。

去哪里买猫或领养猫

如果想要养纯种猫（详见第14~15页），找有备案的繁育者最可靠。如果是非纯种猫，可以去救援中心或通过宠物医生、熟悉的朋友和邻居领养。注意不要通过分类广告买猫，尤其是那些同时也在宣传其他宠物的广告。这些渠道的宠物实际上是在不符合标准的条件下饲养的，它们抵御疾病的能力差。出于同样的原因，最好不要从宠物店购买幼猫。虽然许多宠物店声誉很好，但也有一些宠物店的宠物来源可疑。

拜访繁育者

与选中的繁育者约好看猫，准备好询问注意要点和问题清单。如果是第一次养猫，在看猫之前要做一些准备工作——既要了解要看的特定品种，也要了解如何养好猫。好的繁育者希望幼猫能找到有责任心的宠主，所以除了回答宠主的问题，他也会提出疑问。

幼猫的饲养环境应该干净、宽敞且舒适。它们还应和母猫及同窝幼猫待在一起。将幼猫过早与母猫分开是非常不合理的，而且单独展示一只幼猫无法让人很好地判断它的行为。它是否进行过良好的社会化训练，是否适应人的抚摸，这些是显而易见的。

△ 选择纯种猫
繁育者有时会准备好幼猫供人挑选查看，但有可能需要等到幼猫断奶，提前预约才能参观。

> **“不要**仅仅因为**幼猫**看起来弱小需要**额外关注就选择它。”**

◁ 家庭成员
当参观幼猫时，请要求它和母猫及同窝幼猫待在一起。它们不应从家庭中被移出单独展示。

▷ **待在一起**
救援中心不会将一对难分难舍的猫分开。当宠主不在家时，两只猫也可以互相陪伴。

从小与它交流、玩耍和抚摸才能达到良好的效果。如果繁育者忽视了这方面的福利问题，就错过了训练的最佳时机，一旦把这样的幼猫带回家，很难再训练出色，当然也可能训练成功。

幼猫应该表现得警觉和活跃，被毛健康，眼睛明亮没有分泌物，耳朵干净。不要仅仅因为幼猫看起来弱小需要额外关注就选择它。比同窝其他猫生长缓慢的幼猫可能有健康问题。问清楚幼猫是否查出过该品种常见的任何遗传疾病，并检查它是否已完成疫苗接种和驱虫，如没有，要在将其带回家前完成。同时询问繁育员是否提供售后服务，如果出现严重缺陷或问题，是否能收回幼猫。

纯种猫很昂贵，但繁育者有时也会因幼猫品相不好，以较低的价格出售。然而，即使没有对称的斑纹或完美的体型（品种特征），它们通常也能成为美丽可爱的宠物。

猫收容所

猫收容所或猫救援中心挤满了需要安置的各种类型和年龄的幼猫与成猫。大多数需要领养的猫都不是纯种的，但偶尔也能找到纯种猫。并不是所有被救助的猫都会因曾被遗弃或受到虐待而出现行为问题：有时前宠主因为个人原因，如丧亲之痛或移居国外，不得不与宠物分开。而曾经在充满爱的家庭里成长的猫能很好地适应新家庭。

领养的第一步是收容所工作人员的家访（见下框）。当收容所介绍猫时，他们会尽可能多地告知每一只猫的背景和个性，以及是否有健康问题。他们还会就猫的护理提供建议，包括绝育，并在领养后提供辅导。

所有被带到收容所的猫都会接受例行健康检查、疫苗接种、去除跳蚤和体内寄生虫治疗。如果同意领养，需要支付这些费用。

收养流浪猫

有些人是自己挑选猫，有些人却是被他们的猫选中的。街上游荡的流浪猫常被人捡到而融入其家庭，但在给它提供永久的家之前，要确保它真的是流浪猫，许多猫都过着双重生活。尽一切努力寻找可能的宠主，寻找附近的“寻猫启事”，自己也可张贴通知，与邻居交谈，或让宠物医生检查猫是否带有微型芯片（详见第 89 页）。

评估

从收容所领养猫是一个双向的过程。宠主希望找到“合适的”猫，同时宠主也必须适合猫。收容所通过询问宠主的情况和对猫护理的承诺来评估来访者成为猫主人的潜力，并安排家访，看看这位潜在的宠主能提供什么样的环境。例如，如果住在公寓里或家中没有花园，对习惯在室外自由活动的猫来说可能并不理想。有些猫可能不适合和孩子们住在一起。宠主的生活方式也需要考虑在内：如果整天外出工作，可能不适合收养幼猫。

选择猫的品种

如果选择纯种猫，有各种各样的体型、颜色和毛发类型供选择。无论看起来多么吸引人，都应该先考虑该品种的性格和需求，然后再做出决定。

进行调查

大多数人因为外观而爱上某一种猫，但还需要考虑其他几个重要的方面。不同品种在日常护理、陪伴、闲逛空间和精神方面有不同的特点和需求。如果宠主的生活方式与这个品种的猫性格不符，就不可能拥有一只快乐的猫。如果猫喜欢吵闹，过度活跃，喜欢捣乱，而宠主只想着猫能够安静地待在腿上，这样的话自己也做不了一位快乐的猫主人。

拥有纯种猫的好处是可以事先知道会遇到什么麻烦。提前做好研究——猫品种网站通常是一个很好的信息来源。如果可能的话，去一个可实际调查的猫展，但是要做好心理准备，可能会发现所有品种都很吸引人。

▷ 缅因猫
缅因猫是所有猫中最大的品种之一，是一种温和的大型猫，天性顽皮。蓬松的半长被毛会发生季节性变化；在温暖的天气里，要做好厚绒毛大量脱落的准备。

△ 波斯猫
性情温和、热爱家庭的波斯猫喜欢平静的生活。每天的毛发梳理必不可少，以防止长毛乱作一团或打结。这里显示的金色波斯猫只是众多毛色之一。

◁ 异国短毛猫
这是波斯猫的短毛变种，异国短毛猫与它的表亲一样有着圆脸和平和的性格，但需要的梳理要少得多。它乐于生活在室内，是公寓居民的好宠物。

△ 暹罗猫
暹罗猫从来没有无聊的时刻。它们吵闹，淘气，总是十分活跃，需要很多关注，作为对宠主的回报，它们会非常黏人。

▷ 俄罗斯蓝猫
这种轻盈而修长，有烟灰色毛绒被毛的猫，在 20 世纪非常受欢迎。俄罗斯蓝猫很安静，容易相处，黏人，但对陌生人有点拘谨。

◁ 孟加拉猫

最初是由家猫和野生亚洲豹猫杂交而成的，这种有明显图案的孟加拉猫是一种稀有品种。

它没有“狂野”的特征，但拥有无限的能量，如果没有持续的游戏和陪伴就会不高兴。

▷ 巴厘猫

拥有舞者的优雅和丝滑的被毛，这一暹罗猫的长毛变种非常美丽。巴厘猫是一种时刻活跃的猫，而且一点也不喜欢自己跟自己玩耍。

△ 缅甸猫

和家人在一起对缅甸猫来说意义重大——这不是一只能整天独处的猫。它聪明而好奇，是忠诚而有爱的伴侣。

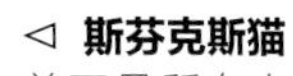

◁ 斯芬克斯猫

并不是所有人都会选无毛猫，但精灵斯芬克斯可爱的性格为这个品种赢得了坚实的粉丝基础。斯芬克斯猫应养在室内，并防止极端温度。皮肤需要定期清洗以去除多余的身体油脂。

◁ 英国短毛猫

很多人认为英国短毛猫是完美的家猫，它英俊、健壮，无论城镇或乡村的生活方式都能适应。它喜欢安慰和陪伴，但不会为了寻求关注而打扰人。

△ 阿比西尼亚猫

阿比西尼亚猫不喜欢慵懒地待在沙发上，它们需要足够的空间来玩耍和探索，而且更适合有经验的宠主。它的外观很醒目：强壮，优雅，有美丽的红色被毛。

▷ 柯尼斯卷毛猫

被毛紧密呈波浪状是该品种的关键特征。柯尼斯卷毛猫是运动员和杂技演员，在玩耍中茁壮成长。因为毛很纤细，所以柯尼斯卷毛猫对冷热很敏感，也需要非常温和地梳理被毛。

确保饲养环境安全

探索是猫科动物的天性，不可能完全阻止猫进入房间或花园。但可以通过一些基本的预防措施避免发生安全事故。

◁ 夜行动物
如果猫在天黑以后待在室外，宠主可能会担心它的安全。有些宠主允许猫白天在室外活动，到晚上则将它们关在室内。

是否允许猫自由出入

如果可以，是否应该允许猫随心所欲地进出？室外毫无疑问意味着更大的风险，尤其来自路上的车辆、领土之争和偷猫贼的威胁。但将充满好奇心的猫关在室内可能会对家具造成一定破坏。在决定猫的自由限度时同时需要考虑到宠物的个性。

室内风险

大多数潜在风险都发生于厨房。所有猫可能会跳上去或打翻的东西都要处在宠主的视线中，如开火的炉灶、熨斗、沸腾的煮锅或锋利的器具。关紧洗衣机和滚筒烘干机的门，但首先要确保猫不在里面。猫偷取食物、翻垃圾桶或乱咬东西的行为比犬少见，但仍需要远离那些致病的物质。确保猫远离未干的油漆和化学清洗剂，这些物质容易从墙壁、地板黏附到毛发上，然后被猫舔舐吞咽。检查地毯上是否存在潜在危险物，如图钉、针、碎玻璃或碎瓷片。关闭一楼以上的出入口。猫可能会从高层窗户爬

室外检查清单

- 关闭库房和车库门，防止猫接触化学品和尖锐工具
- 用网盖住池塘防止幼猫落水或猫抓鱼，不使用时清空泳池
- 将喂鸟器放在猫触及不到的地方
- 防止猫接触老鼠药或中毒的动物
- 盖住儿童用沙坑，防止猫在其中排泄
- 放烟花或者点燃篝火时将猫关在室内

◁ 观察世界
窗台对猫来说是坐着观察外面世界的好地方。如果是楼上的窗户，确保猫无法从窗户跳出。

出，或爬上高层阳台，摔下去后果将很严重。

花园里的危险

虽然猫很少啃食青草以外的东西，但还是应该检查花园中是否存在有毒的植物。池塘和泳池也可能存在危险，尤其对幼猫来说。幼猫熟悉环境之前，带出门要用牵引绳。化学品和工具锁在库房或车库中，并避免将猫意外地关在里面。宠主最担心的是室外的道路。高围栏虽然昂贵，但可以防止猫到外面游荡，也可以阻止其他猫进入。

同时要记得保护花园免受猫的侵害。儿童用的沙坑和松软的泥土会诱使猫将其作为猫砂盆，所以在不用的时候盖住沙坑，在珍贵植物周围喷洒驱猫喷雾。

室内检查清单

- 使用中的厨房电器，如加热的炉灶和熨斗，一定要有人照看
- 锋利器具和易碎品放在猫触及不到的地方
- 关闭橱柜和电器门，如洗衣机和滚筒烘干机
- 让猫远离未干的油漆和使用化学清洗剂的地方
- 谨防明火
- 确保猫无法从楼上的窗户跳出
- 有毒植物放在猫触及不到的地方

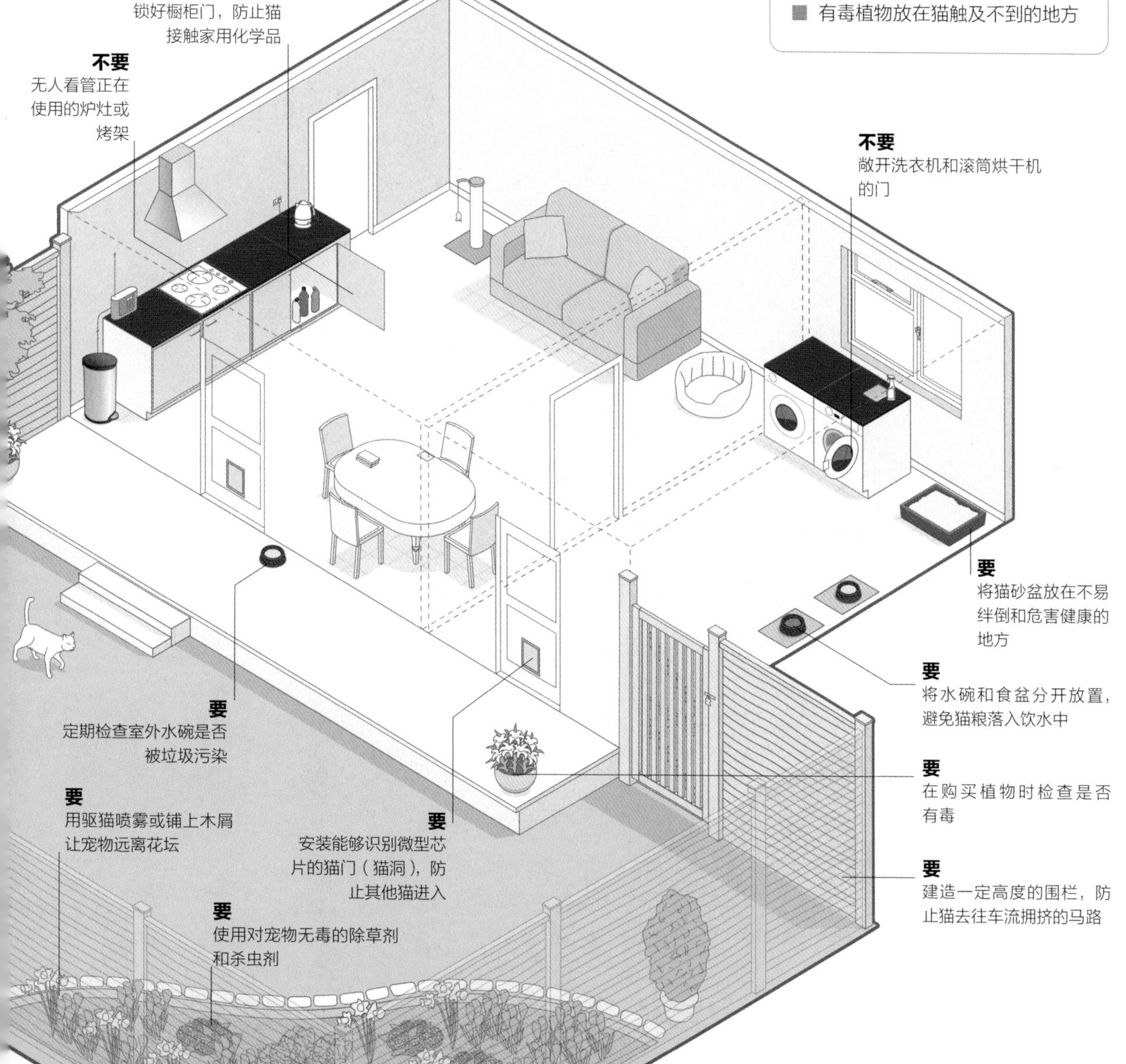

准备必需品

在新猫到来之前，需要准备好一些必需品。了解了猫的喜好和个性后，再添置其他物品及用具。

舒适第一

猫擅长让自己感到舒适，也很善于找到蜷缩和打盹的最佳地点。如果允许的话，它们更喜欢宠主常用的扶手椅或靠垫，或者床上的被子。大多数人都允许猫自由使用家里的东西，即使它在刚洗好的毛巾上睡觉主人也不会介意。但猫的确也需要一个属于自己的猫窝。

市面上有各种各样的猫窝，如开放式猫窝（篮子）、封闭式帐篷猫窝（带屋顶的帐篷式床）、豆袋猫窝和吊床。从宠主的角度来看，猫窝是否美观、是否易于清洗需要优先考虑。对猫来说，羊毛之类柔软保温的织物最合适，猫窝柔软的边缘可以让猫蜷缩在里面。可以加一个折叠的毯子或垫子作为额外的填充物。不要因为对猫有喜欢伸懒腰的印象而买太大的猫窝。猫通常喜欢睡在比较紧凑的地方，被包裹可以给它们安全感。

△ 猫喜欢高处
悬挂在暖气片或墙面高处的吊床，既能提供舒适的休憩之所，又可作为观察事物的有利地点。

食盆和水碗

装食物和水的盆要分开，如果有多只猫，每只猫都要有自己的食盆和水碗。材质可以是塑料，也可以是金属，应该有宽大的底座防止翻倒。购买宽且浅的碗，因为猫采食、饮水的时候不喜欢胡子接触碗壁。如果宠主长期不在家，可购买自动喂食器。这种有盖的喂食器可以防止猫粮变质，并且可以定时饲喂。

航空箱（猫包）

可以借一个航空箱运猫，但即使只是为了带新猫回家，最好也还是自己购买一个航空箱。想

猫砂盆

猫喜欢拥有自己的猫砂盆，所以多只猫就需要多个猫砂盆。猫砂盆要足够大，侧边要足够高防止猫砂被刨到外面。膨润土或其他吸水颗粒制成的猫砂使用起来最为方便，因为它们潮湿时会形成团块，容易铲起。

△ 碗的选择
选择底部较宽的食盆和水碗，因为其足够稳固从而确保猫使用时不会在地板上滑动。

△ **开放式猫窝（篮式猫窝）**
高边的柔软织物猫窝就像沙发一样，让猫可以蜷缩在里面。需要确保材质容易清洗。

△ **帐篷式猫窝**
这种类型的猫窝也被称为“蒙古包”（冰屋），可以挡风，顶部能给猫更多的安全感。

△ **航空箱**
航空箱由硬质塑料制成，易于清洗，耐猫抓。它可以在旅行中保护猫免受碰撞和颠簸。

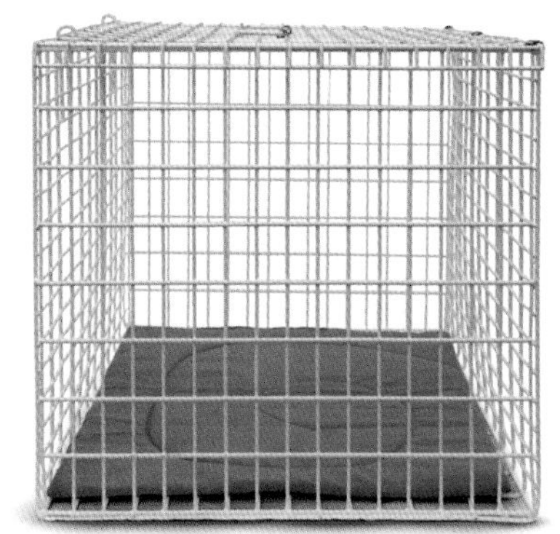

△ **铁丝笼**
这种笼子可以让猫看到周围环境，更易运输。笼子通常能从上部打开，有些还可以折叠收纳。

项圈和名牌

猫在户外活动时应佩戴有地址名牌的项圈防止猫丢失（详见第89页的“植入微型芯片”）。然而，项圈有时会卡在树枝或灌木丛上，为了避免猫被困住或勒住，应选择有安全扣的项圈，当项圈被拉扯时，该扣件会快速松开。卡扣项圈并不安全，因为可能会被拉伸，卡住头部或前肢。

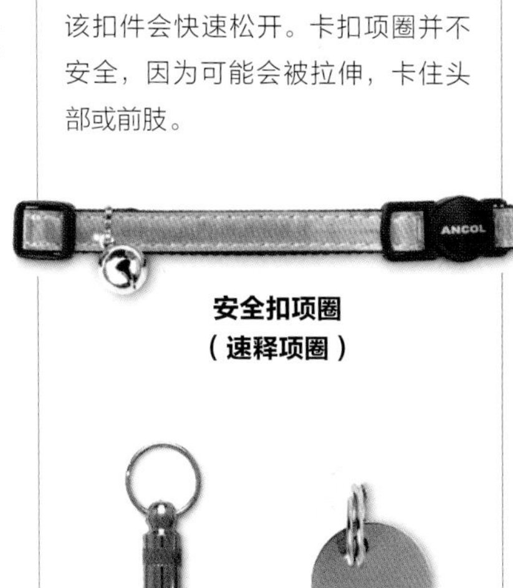

安全扣项圈（速释项圈）

圆筒状名牌

片状名牌

要安全地将猫带去宠物医院，或假期送猫去猫舍寄养时都需要航空箱。如果猫适应了自己航空箱的外观和气味，必须运输时会减少猫的应激。让猫平时在航空箱里随意进出，它很快就会将航空箱视为领地的一部分。

航空箱有很多不同材质，包括篮篓、硬质塑料、铁丝网或柔软布料。大多数猫都不喜欢被关在笼中，所以应该选择有较大网格门的航空箱，让猫可以看到外面，宠主也可以和猫交流。许多航空箱分为两半，上半部分可以卸下，能轻松将猫取出和放入。确保在航空箱内猫有足够的空间转身。在箱子底部放置猫用过的毛毯，给它熟悉的气味。软边的手提式猫包最方便携带，最舒适，但较难清洁，而且通风比硬质航空箱差。纸箱是最便宜的选择，但如果猫拼命想要逃出可能会把纸箱抓坏，因此最好作为短距离运输的临时用具。

玩具

猫玩具似乎不能算作必需品，但大部分宠主认为不得不买。玩具能保持室内宠物身心健康。猫天生喜欢玩耍，即使是成年猫或者不喜欢运动的猫时不时也会玩耍一下。挥打逗猫棒上的羽毛或撕咬加了猫薄荷的老鼠玩具都是很好的锻炼，不过对猫来说，一张破报纸或一个纸箱就足够快乐了（详见第38~39页）。

迎接猫回家

饲养新宠物是一件大事，宠主和猫都会感到有些紧张和兴奋。提前计划并保持冷静，大多数猫都能很快适应，并表现得就像它们是主人一样。

准备和等待

迎接新猫回家之前，提前安排好一切，以便让它感到安全和舒适。检查房子和花园中是否存在明显的危险（详见第16~17页），并将猫窝和食盆放在猫喜欢的角落。储备足够的猫粮，至少可以维持数天，购买不同的猫粮，这样可以找到猫最喜欢的种类。

选择一个既能为猫提供隐私，又不会给人带来不便或卫生问题的地方放置猫砂盆。如果要养幼猫，可以准备一叠报纸以备不时之需。

△ **进入新家**
无论宠主有多么激动和期待，也不要一到家立刻就把猫抱出航空箱。安静地和它说说话，让它自己从航空箱中走出来。

到达日

新猫到达家里时，可能因为路上被关在笼子里而感到紧张和应激。将航空箱放在安静且可以看到猫粮等熟悉物品的房间里。有些猫会在航空箱打开的同时就往外走，有些则会退缩。不要强迫害羞的猫离开航空箱。轻声呼唤猫的名字，让它感知新的场景和气味。不要凑得太近，等待它自己伸出试探的爪子。

让猫探索所有它可以进入的地方。到达的第一天，让猫待在一个准备好的房间里，在这里它可以轻易地获取必需品，这有助于建立它的自信心。在接下来的几周里，或至少在猫学会回应呼唤之前，最好禁止猫外出。幼猫通常在13~14周龄时完成疫苗接种，在那之前，不要让它外出。

认识家庭成员

将新猫介绍给其他家庭成员时，双方都需要一段适应的过程。在把猫带回家之前，要先和孩子解释动物不是好玩的玩具。有必要的话，儿童要在家长的指导下开始了解宠物，因为猫可能会抓伤儿童，儿童哭闹，猫也可

△ **探索世界**
对猫来说一切都是新奇的，它会很快开始探索和习惯周围的环境，并选择几个最喜欢的角落。

◁ **温柔抚摸**
向孩子展示如何温柔、平静地抚摸宠物，并告诉他们不应无缘无故抱猫，不要过度关注猫。

一个房间里随意走动。猫科动物具有狩猎地面活动动物的本能。

建立习惯

从一开始就规律日常流程会使猫感到安全。确定喂食时间，并同时训练猫回应呼唤。可能会发生幼猫不会使用猫砂盆的情况（详见第86~87页），就算是成猫也可能在刚到陌生新家时无法顺利使用猫砂盆。定期将猫放在猫砂盆里，如饭后，直到它使用猫砂盆成为习惯。为了避免以后出现问题，应严格遵守猫禁入区域的规定，例如，禁止猫上床，一次也不能破例。

能会受惊，这都不是良好的开端。不要大声喧哗和进行喧闹的游戏，如果孩子出现不当操作需立即介入。

家中常驻的成年猫一般会对侵犯领地的陌生猫产生敌意。切勿将猫砂盆或食盆并排放置，不能指望猫会自行区分所属物品。一开始将新猫隔离，然后通过交换食盆或所处房间，让它们习惯彼此的气味（这样它们也能将气味与喜爱的食物联系起来）。大约一周后，让新猫和原来的猫互相认识，但不要让它们单独待在一起。确保猫在发生冲突时有逃跑的地方，不会感到被对方困住。经过数次这样的尝试，即使永远无法成为最好的朋友，猫很可能也会相互容忍。但如果新来的猫是幼猫，原来的猫一般不会表现出攻击性。

介绍犬猫互相认识未必会出现宠主预期的问题。这在很大程度上取决于品种，并非所有犬种都热衷于追逐猫。在最初几次见面中，用牵引绳拉住狗，让猫有空间逃跑。温柔地与双方说话，给予它们同等的关注，如果狗表现良好，就表扬它。如果不确定这段关系是否趋于和平，不要让它们单独在一起。

如果有小型宠物，如仓鼠或兔子，最好不要介绍它们与新猫认识，也不要让它们与新猫在同

△ **使用猫砂盆**
猫需要一些时间去适应放在陌生位置的新猫砂盆。它们不喜欢被注视，所以要将猫砂盆放在隐秘的角落。

了解猫

猫并没有进化成群居动物，它们高度独立，并有着微妙复杂的行为和沟通方式，所以宠主经常对其行为感到困惑。

猫的行为

家猫从一种小型、独居、领地性的捕食者进化而来，很少与同类有交集。这种猫科动物祖先不需要像犬和人类等天生社会性物种那样发展复杂的视觉交流，因此今天的宠物猫也没有特别复杂的肢体语言。独居的历史也意味着猫比大多数其他宠物更独立，尽管许多猫喜欢拥抱，但它们仍然喜欢拥有自己的空间。

猫是超级猎手，因为它们的猎物在黎明和黄昏时更加活跃，所以这也是猫最活跃的时间段。在这些时候捕猎的欲望可能会使猫表现出“疯狂半小时”，它们会不知疲倦地猛冲。

猫的视力进化是为了在光线微弱的情况下进行探测活动，猫无法像人类那样看到清晰的图案或颜色。它们的眼睛对光谱红端的颜色不敏感，因此可能很难在粉色地毯上分辨出红色玩具。另外，它们对移动的线尾有非常快的反应。

嗅觉对猫来说非常重要。它

△ **气味标记**
猫通过气味相互识别，并通过相互摩擦沉积气味来确定社会身份。它们还经常摩擦宠主，使宠主成为社会群体的一部分。

◁ **独居天性**
家猫几乎保留了它们祖先独居和独立的天性。这意味着当两只猫相遇时，经常会发生冲突。

◁ **和睦相处**
其他猫的存在通常被视为竞争和生存威胁。为了缓解家里的紧张气氛，应谨慎地介绍猫互相认识，并分别为它们提供资源。

们在感到放松的地方用头部摩擦来进行气味标记，在感到受威胁的地方喷洒尿液来标记领地。猫脚上和脚侧面的气味腺体能绘制“气味地图”，让它能利用气味来确定自己在环境中的方位。家中任何剧烈变化，如重新装修或搬家，都可能破坏这个“气味地图”，导致猫感到迷茫和困惑。

如果猫表现出耳朵放平，胡须向前，舔嘴唇，重心移到后脚上，应该让猫独自冷静，因为这些都是恐惧的表现。

群体中的猫

只有在特定的情况下，猫才可以快乐地生活在社会群体中。大多猫群主要由有亲缘关系的雌性组成，她们独自狩猎，不争夺食物和领地。她们彼此友好，但对威胁到资源的“外来者”表现出攻击性。即使宠主提供食物，猫仍然会保护领地不受其他社会群体的猫侵犯。如果有多只猫，观察它们的行为，确定它们是否存在良好社交关系。关系良好的猫会互相摩擦、理毛，身体贴着一起睡觉。如果没有看到这些行为，说明猫与猫之间相处有压力。

当冲突发生时，猫无法用肢体语言来缓和局面。这就是为什么和外面的猫相比，同一家庭成员之间一样容易发生争斗。

抱猫

猫很少喜欢被抱起来，在被抱起来的时候猫舔嘴唇就表明它并不喜欢。所以除非确定它很喜欢，否则最好只在必要的时候才这么做。抚摸时保持平静温和，可以抚摸猫的头部、背部和脸颊，让它放松。如果猫蹭或者嗅自己的手，就说明它很享受这种关注。千万不要抱猫的屁股，要轻轻地抱起它，同时支撑它的胸部、前腿后面和后躯。把猫扶直，因为蜷在怀里会增加它的不安全感。

> “尽管**许多猫喜欢拥抱，但**仍然需要自己**的空间。**”

猫的肢体语言非常微妙，宠主关键是要学会识别它是否需要关注。猫有时会翘起尾巴靠近来和宠主打招呼，并可能摩擦宠主的腿。在宠主回家或淋浴后摩擦宠主腿部是为了进行气味标记，这样闻起来更熟悉。猫用呼噜声和踩奶来回应宠主的关注，这是猫幼年遗留下来的行为，也是与哺乳有关的行为。虽然呼噜声通常表示满足，但有时也表示痛苦。

△ **良好的触摸**
尽管大多数猫喜欢被人关注，但被人抱起还是会感到不舒服或紧张。如果猫不想被抱着，在它感到压力之前把它放下来。

日常护理

均衡的饮食

为了维持健康状态，猫需要规律性地摄入所需的营养。为猫提供的食物不仅要满足它的口腹之欲，还要满足它生长发育所必需的所有营养元素。

合适的营养

肉是猫的天然食物。猫科动物的消化系统并不能消化大量的植物，尽管它们会时不时地咀嚼少量的草。宠物主人要忽视自己对食物的选择和偏好。

在野外，被捕食的动物不仅能为猫提供肉类蛋白，还能够提供必要的脂肪、维生素、矿物质（如骨头中的钙）和毛发纤维。家猫不需要捕猎来获取食物，也不以腐肉为食，所以无论是吃商品猫粮还是家庭自制食物，它们都主要依赖于宠主所提供的合适营养。猫对食物的挑剔是众所周知的，所以在找到能强烈吸引猫的食物之前，宠主可能需要给它尝试不同类型、质地和口味的食物。

商品猫粮

超市的货架上有大量可供选择的猫粮，几乎包含了宠主能想象到的所有美味。该如何选择呢?

大多数的商品猫粮是全价粮，全价粮提供了猫必需的营养元素并且不需要再额外添加其他元素。然而，有些产品标识了“补充剂”，这类产品需要与其他食物混合饲喂才能提供均衡全价的营养。在购买产品时要检查包装袋上的信息以确认购买产品的类型。

干粮通常是小颗粒或饼干的

△ **天然纤维**
猫需要摄入纤维，宠主应该合理饲喂来提供纤维。在野外，猫能够从捕获的猎物中获得。

◁ **健康的饮食**
猫知道自己喜欢吃什么，但更重要的是它喜欢的食物要含有全面而均衡的营养从而保持身体健康。

△ **干粮、湿粮和家庭自制猫饭**
提供多种商品猫粮和自制的猫饭使猫保持对食物的兴趣，并确保提供的饮食能够满足它的营养所需。

形式，可以倒入碗中供猫一天进食，对于那些不能按时回家的宠主来说喂食非常方便。干粮需要咀嚼，这能够帮助猫维持牙齿和牙龈的健康。有些宠主只给猫喂干粮，但是偶尔喂些湿粮也是有好处的。

湿粮或半湿粮通常装在罐子或密封袋里，看起来非常诱人并且大多数的猫都喜欢吃。湿粮在开封之前都可以保存得很好，但如果是残留在碗中的湿粮就应该扔掉。如果宠物对于食物很挑剔并且经常喜新厌旧，这么做可能会造成高昂的食物费用支出。

鲜食

如果宠主倾向于给猫喂食自制的猫饭——不使用商品猫粮中所添加的防腐剂，那么应该用为自己购买食物的标准去给猫准备食物。但是要特别注意给猫提供全面均衡的营养，因为猫有着高度特殊的饮食需求。如果营养缺乏，猫便会很快出现健康问题，如牛磺酸的缺乏。无论喂食的是红肉（牛肉、羊肉等）、鸡肉还是鱼肉，都要确保来源可靠，并将肉彻底煮熟进而杀灭致病微生物。将肉切成小块且剔除骨头，便于猫进食。如果不确定自制的猫饭是否能够给猫提供全面均衡的营养，可以向宠物医生要一张饮食清单。

零食和补充剂

偶尔给猫喂零食没有坏处，但如果过量饲喂可能会造成肥胖。比起餐桌上不健康的残羹剩渣，营养均衡的商品猫零食更可取（见右表）。

健康的猫在饲喂营养全面的饮食时是不需要额外添加任何维生素和矿物质的。最好不要未经宠物医生建议给猫饲喂补充剂，这可能会危害猫的健康。

水

无论在室内还是室外，猫需要随时随地有清洁的水源饮用，特别是当它以吃干粮为主时。水碗和食盆分开放置，避免撒落的食物掉入水碗中污染水源，勤换水，如果水碗是放置在花园里的，要时常检查水碗中是否有污物。

△ **干净的饮水**
在室内和花园中为猫提供干净的饮水，这样猫就可以随时随地在它想喝水的时候饮水。水碗要时刻保持清洁。

有害的食物

- 牛奶和奶油会引起猫腹泻，因为大多数猫缺乏消化奶制品的酶。可以选择特殊配方的“猫奶”
- 洋葱、大蒜和香葱会造成猫肠胃不适，可能导致其贫血
- 葡萄和葡萄干被认为会造成肾损伤
- 巧克力中的可可碱对猫来说有剧毒
- 生鸡蛋可能会含有引发食物中毒的细菌。生鸡蛋的蛋白会破坏B族维生素的吸收，从而导致皮肤问题
- 生肉可能含有有害的酶并且会造成致命的细菌性中毒
- 熟食中细碎的骨头可能会扎进猫的喉咙，或者进入消化道中导致肠道堵塞和划伤

监测喂食情况

由于生长速率和活动量的改变，幼猫和老年猫对营养的需求差异较大。根据年龄和生活习惯的变化而逐步调整猫的饮食，有利于让它保持理想体重。

良好的喂食习惯

建立规律性的饲喂习惯有助于控制猫的进食量并且也方便观察猫食欲的变化。良好的卫生条件和食物本身一样重要。制定以下几条规则并坚持下去。

- 尽量按时饲喂。
- 尽可能地减少零食饲喂。
- 不要给猫喂人吃的食物。
- 偶尔提供一些新口味和新质地的食物给猫，防止它出现厌食。
- 如果需要改变猫的饮食，应循序渐进地更换。
- 在碗中的食物变质前或吸引苍蝇之前应及时地将食物扔掉。
- 食盆和水碗要时刻保持清洁。

保持理想体重

需要经常关注猫的体重和腰围，这样如果它变胖了或者变瘦了可以立刻察觉（详见 29 页的表格）。如果有任何顾虑，带猫去宠物医院称重。

很难拒绝一只正在乞求食物的猫，但过度喂食很快就会导致其肥胖。超重对人和猫来说都是极不健康的。食欲不一定与高运动量的生活方式有关，许多不活跃的猫也可能是大胃王。室内猫肥胖的风险最高，有些品种的猫天生慵懒，需要时不时地鼓励它们跳下沙发去运动。而室外猫很容易就能把从食物中获取的能量消耗完。

袋装食品通常会标出推荐饲喂量，但那仅仅是一个大概的数值。即使谨慎地控制着饲喂量，宠物还是会变胖，这时就要考虑它是否在其他地方讨要过食物。问一下邻居可能就会解开这个谜题。

需要警惕饮食没有变化体重却减轻的情况，因为这可能是疾

喂猫
猫表现出对食物的兴趣是好事，但有时很难区分出是饥饿还是贪嘴。有些不爱运动的猫因为无聊而缠着宠主要食物。

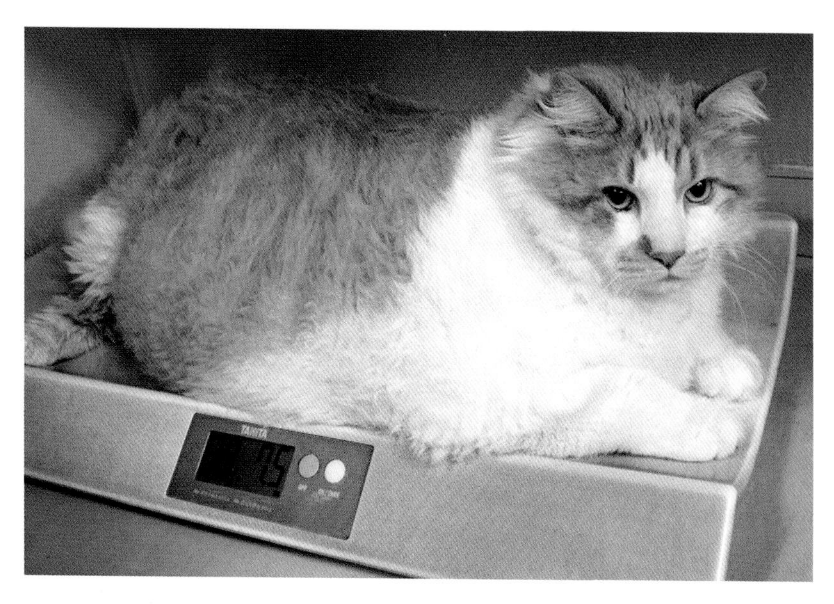

◁ **体重监控**
体重几乎都要超出体重秤的上限了。除非调整饮食让猫减重，否则它将很有可能患上严重的疾病。

“**很难拒绝**一只正在乞求**食物的猫，**但是过度喂食很快就会导致其**肥胖。**”

病的早期预警信号。老龄猫随着年龄的增长有变瘦的趋势，但需要确认它们没有隐性疾病，如牙齿脱落。如果猫拒绝进食或者咀嚼困难，要带它去看宠物医生。

全生命周期的饮食变化

猫在不同的生命阶段中有着不同的营养需求，对食物的类型和数量的需求也不同。幼猫需要高蛋白饮食以满足它们快速的生长发育。有许多商品猫粮是专门为它们设计的。相比成年猫，在幼猫出生后的最初几个月里，应当少食多餐。当幼猫刚开始接触固体食物时，平均每天可以喂食4~6餐。随着幼猫长大，可以适当增加每顿的喂食量并减少喂食次数。

大多数健康的成年猫每天喂食两餐。即使是最活跃的成年猫也不能饲喂高蛋白幼猫粮，因为有可能会造成肾功能障碍。随着猫年龄的增长，它的食欲会下降，因此需要再次让它少食多餐。像幼猫一样，有专门为老年猫设计的商品猫粮。

猫在特殊的阶段，如孕期、哺乳期、体重控制期或生病阶段都有着特殊的营养需求，这时最好征求宠物医生的意见。应轻松、缓慢地更换新食物，因为快速变化会引起猫消化不良。

体态评估

不能总是只凭外表来判断一只猫是太胖还是太瘦，尤其是长毛猫。学会通过感觉它的身体来评估它的体重，如用手轻轻抚摸它的背部、肋骨和腹部。

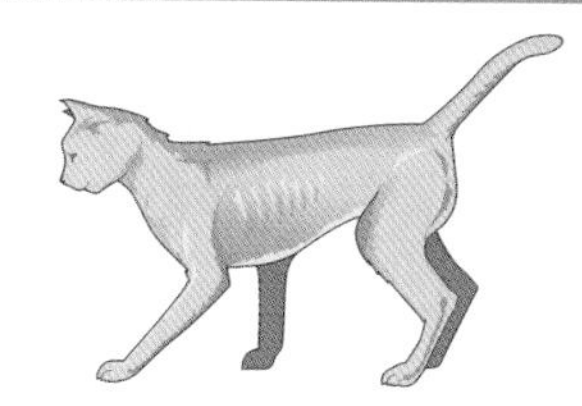

△ **偏轻**
肋骨、脊柱和髋骨上几乎没有脂肪，猫的腹部“收起”，胸腔后面有一个明显的凹陷。

△ **理想体重**
隔着一层薄薄的脂肪可以触到肋骨，胸腔后面有轻微的缩窄。 腹部只有少量脂肪。

△ **超重**
通过厚厚的脂肪无法触到肋骨和脊柱，厚重的脂肪覆盖在腹部，胸腔后面没有明显的“腰线”。

定期梳毛

猫本能地就会梳理自己的毛发，但是可以通过定期帮助猫梳理毛发，建立更亲密的关系，同时也让猫看起来更干净整洁。柔顺的毛发代表着健康与舒适。

梳毛的益处

猫每天花费大量的时间在理毛上，弄湿爪子清洁脸部，清洁爪缝，灵活的脊椎能够帮助猫清洁到肩膀或肛门等私密部位。猫的舌头表面布满了细小的倒钩，这些倒钩能够充当梳子，清理皮屑或掉落的毛发，也可理顺打结的毛发。实际上，猫对日常理毛非常仔细，似乎没有必要主动去帮助它们梳理毛发。

事实上，为猫梳理毛发可以增强与猫之间的亲密关系。从小就给猫梳理毛发更有利于这种关系的建立。大多数的猫都很享受与宠主的亲密互动以及被梳理毛发的感觉。同样可以在梳理毛发时给猫做日常检查。检查它的眼睛、耳朵、爪子以及留意猫是否存在健康问题，如寄生虫感染、隐秘的伤口、肿块和体重变化。

△ **清洁死角**
猫是爱干净的动物，每天会花很长时间打理自己。它们通常会从头开始清洁全身。

为猫梳理毛发的另一个好处是减少猫舔食和吞下掉落毛发的数量。通常情况下，毛发在胃中会形成无害的毛球，然后被猫吐出。但是，有时这些毛球会积累得很大，进而危害健康，如导致猫窒息或卡在肠道中造成消化道阻塞。

老年猫有时会对自我清洁失去热情，这时就需要主动帮助它们梳理毛发以保持毛发的整洁。对于任何年龄段的猫，突然不自行理毛了，都是一种信号，暗示着猫的健康出现了问题，需要咨询宠物医生进行检查。

毛发类型

以波斯猫为代表的长毛猫，它们的绒毛非常厚。这些毛不仅会粘连室内外的脏东西，而且还会打结，打结的毛发仅通过猫自己的舔舐是无法理顺的。这些毛团不及时理顺很容易变成更难理顺的大团块，尤其在肢体互相摩擦的区域，如腋下。

即使是最细心的长毛猫也无法凭借自己把毛发理顺，因此往

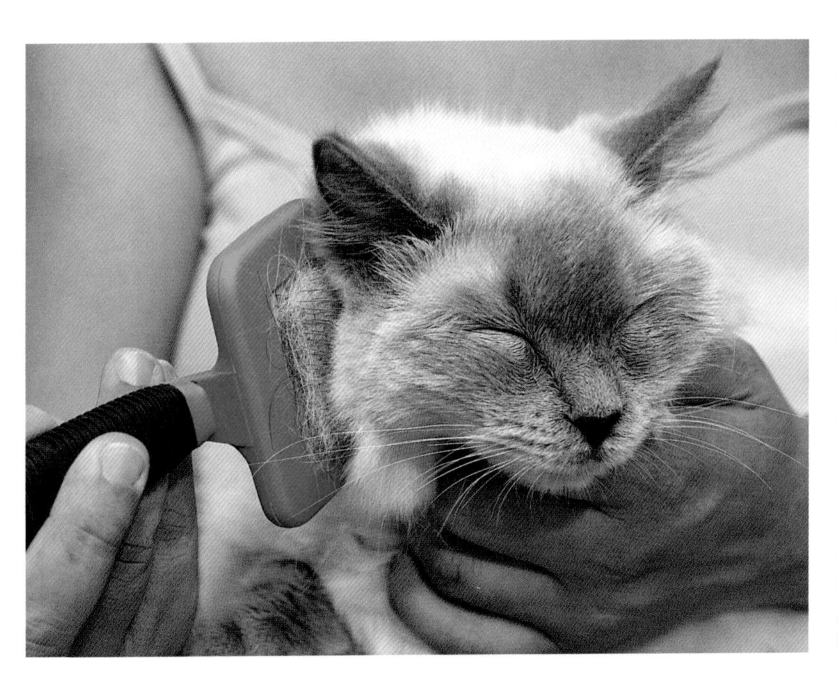

◁ **脱毛季节**
带钢丝针的毛刷是清除松散毛发的绝佳工具，特别是天气温暖、猫的绒毛开始大量脱落时。

Δ **长毛猫**
波斯猫等长毛猫需要每天帮助它们梳理毛发，以防毛发打结和形成毛团。浓密的绒毛会大量脱落。

Δ **半长毛猫**
与长毛猫相比，它们有着非常柔软的毛发，它们的毛发不太可能打结并且易于打理。

Δ **卷毛猫**
这一类猫的毛发长度不同，所有品种的猫都有可能因为过度梳理而破坏毛发原有形态，因此只要进行正常洗澡即可。毛发脱落量相对较少。

Δ **短毛猫**
易于护理的短毛猫会自己进行梳理，但是每周一次的护理能够增进与它们的亲密关系，同时可借此机会对它们进行健康体检。

Δ **无毛猫**
无法吸收的体脂会堆积在无毛猫的皮肤上，严重时会导致皮肤病。因此定期擦拭和洗澡是必要的。

往需要宠主的帮助。对于那些打结的毛发，除了剪掉也没有其他办法（这是一项需要专业技能的护理工作）。长毛猫比短毛猫更易在胃中形成大毛球。如果养了一只长毛猫，很有必要每天帮助它梳理一次毛发（详见第32~33页）。

半长毛猫，包括缅因猫和巴厘岛猫，它们有着非常柔软的毛发，因此，它们的毛发很少会打结或形成毛团。每周帮它们梳理一次就可以了。

有些猫有着纤细、波浪状的毛发，如柯尼斯卷毛猫，甚至有更长卷曲的毛发。这种毛发类型的猫不会大量掉毛，它们很容易保持毛发的整洁。过度梳理毛发反而会破坏毛发的外观，因此通常建议这种类型的猫只要正常进行洗澡就行，并不需要帮助它们梳理毛发（详见第34~35页）。

短毛猫有光滑的外层粗毛和不同厚度的柔软绒毛。尽管在温暖的季节，短毛猫的绒毛会大量脱落，但它们也能够很好地维持毛发的整洁。因此每周帮它们梳理一次就足够了。

像斯芬克斯这样的无毛猫并不是完全无毛的，它们有一层薄薄的绒毛。但这层薄薄的绒毛不足以吸收皮肤分泌的体脂，因此需要定期洗澡以防油污堆积。

护理工具

要购买专门为猫设计的护理工具，并且确保每只猫都有专属的工具。基本的工具包括宽齿梳、去除毛团的鬃毛刷、针梳。细齿梳对于去除浮毛和结团非常有效。如果猫生活在室内，不能通过抓挠来修剪指甲，可能需要一副锋利的指甲剪为它剪指甲（请向专业人士请教怎么做）。对生活在乡村户外的猫来说，为它准备蜱虫清除器非常有必要。

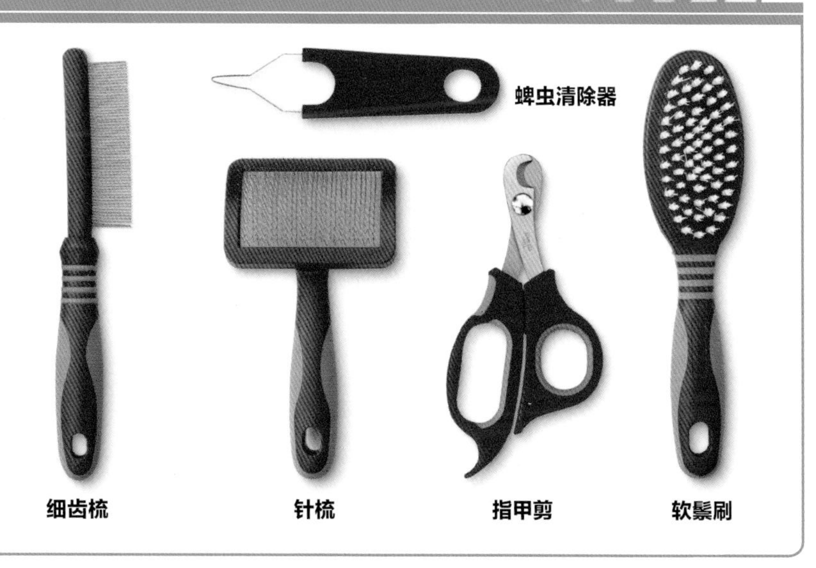

梳毛的步骤

无论是每天还是每周为猫梳理毛发，希望每一次护理的过程都是轻松愉悦的，不会让双方觉得有太大压力。正确地使用美容护理工具，保持从容、有条理，这样猫也会更加放松舒适。

为了让猫在梳毛时保持放松，可在开始之前花几分钟安抚它一下。从头到尾地梳理，一只长毛猫可能需要花费半个小时，但如果每天都为它梳毛的话，那么每次花费在处理毛团的时间将大大减少。不要强迫不喜欢被梳毛的猫接受梳毛。如果猫一开始就表现出抗拒，那就让它自由活动并给它零食吃，稍后再尝试进行梳毛。

“在开始**梳毛前，花几分钟**安抚一下**猫。**”

1 ▽

梳毛

用宽齿梳顺着毛发的方向轻轻梳理，遇到结团不要生拉硬扯，用手轻轻地将毛团梳理出来。

2 ▷

去除浮毛

使用针疏或软鬃刷从毛发根部梳理来收集掉落的毛发和皮屑，这样有助于使毛发保持光泽。

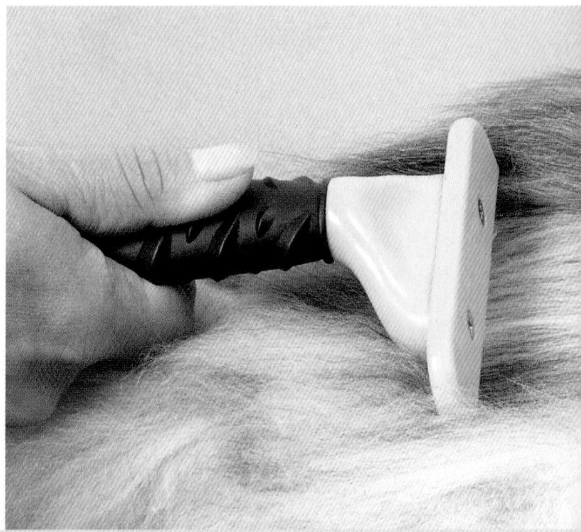

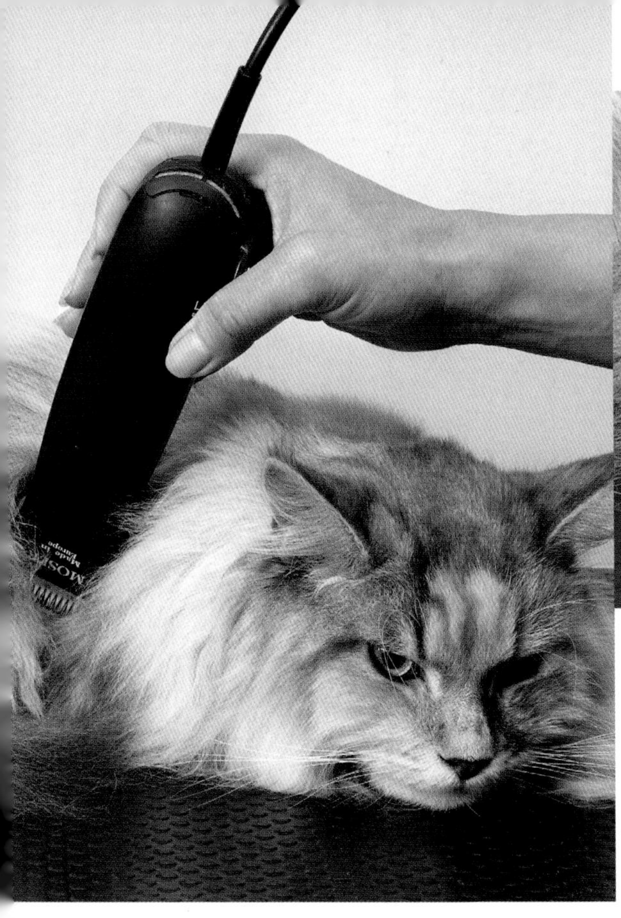

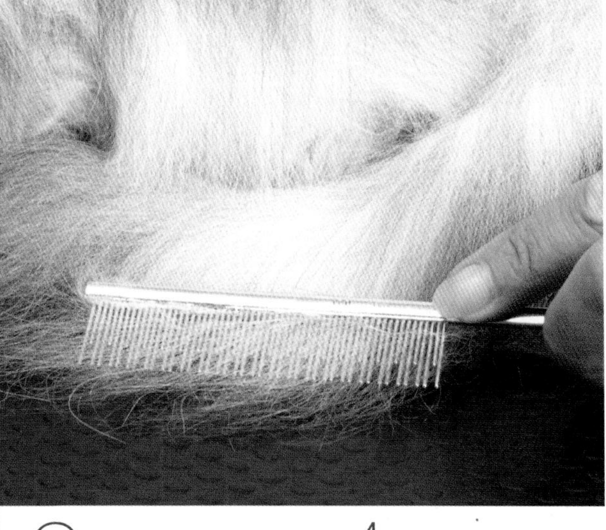

3 ◁
修剪毛团
严重结团的团块需要用剪刀修剪，这需要专业人士来做，因为操作不熟练可能会造成猫皮肤损伤。

4 △
收尾
收尾时，用宽齿梳将浮毛梳走，并梳理尾巴上的长毛。

脸部护理

每次给猫梳毛时，可以一并清洁猫的脸部，同时利用这个机会检查是否有泪痕、分泌物和耳螨等问题（详见第 43 页）。扁平脸的猫特别容易产生过多的眼泪，导致毛发染色，可以向宠物医生咨询解决办法。

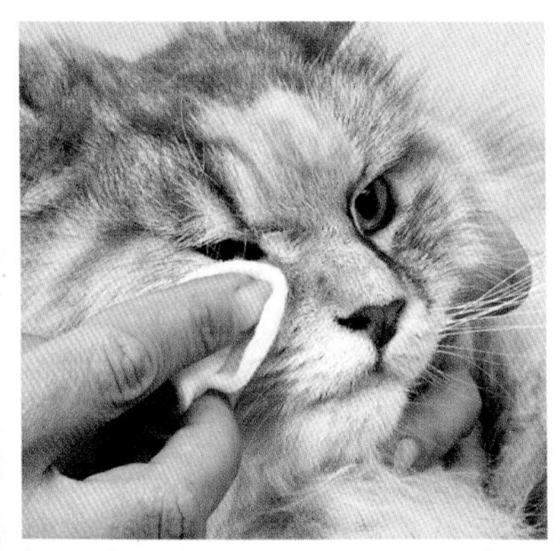

△ **清洁眼睛**
用湿润的棉球轻轻擦拭眼睛周围，注意不要接触到眼球。擦另一只眼睛时要使用新的棉球。

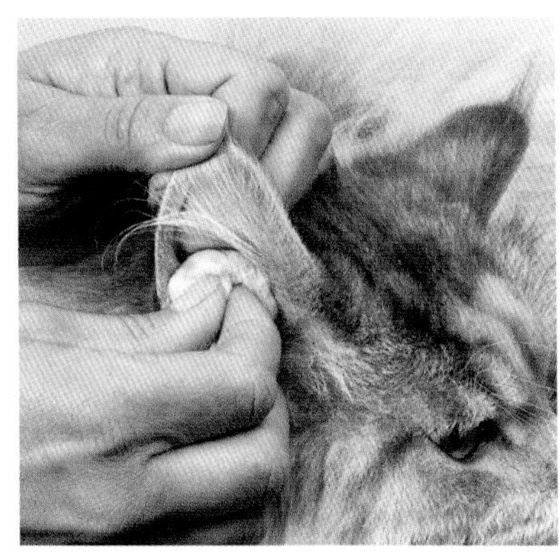

△ **清洁耳朵**
使用蘸了清水或猫洗耳液的棉球仔细擦拭猫每只耳朵的内部，注意不要把任何东西带进耳朵。

短毛猫梳理

只需要几分钟的梳理就可以维持短毛猫的毛发整洁，但没必要匆忙地梳理，温柔有耐心地梳理，让猫享受整个过程。根据步骤 1 和 2（详见 32 页），先使用宽齿梳从头到脚梳理毛发，然后使用细齿梳将浮毛和皮屑梳下来。收尾时，用一块软布擦拭全身。

给猫洗澡

猫天生会通过自我清洁来保持毛发干净、柔顺。与人生活的宠物，需要定期帮它们洗澡，特别是长毛猫，以确保被毛保持良好状态。

户外的猫偶尔会给自己洗个尘浴，在干燥的土地上打滚来清除被毛上的油脂和寄生虫，如跳蚤。宠主可以为它们购买干洗香波，使用原理与上述类似。长毛猫需要洗澡的次数相对较多。如果猫身上沾染了油脂或者其他不溶于水的物质，不要急于给它们洗澡，请咨询宠物医生。对于从小就习惯了洗澡的猫，洗澡会是一件轻松的事情。但很少有猫喜欢洗澡，因此在开始洗澡之前，确保所有门窗紧闭，室内环境温暖舒适。洗澡期间可以用一些温柔的话语安慰猫。

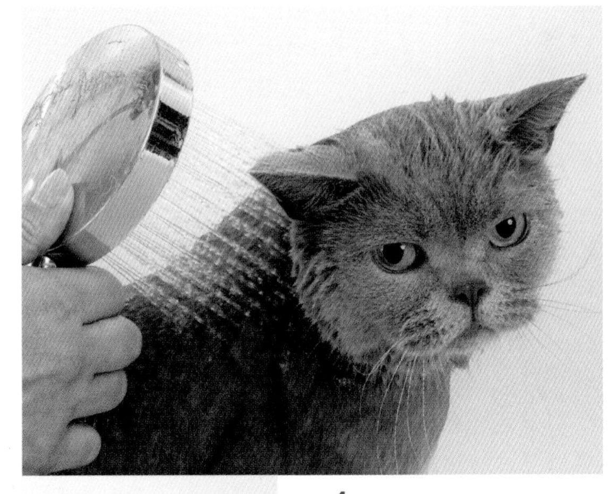

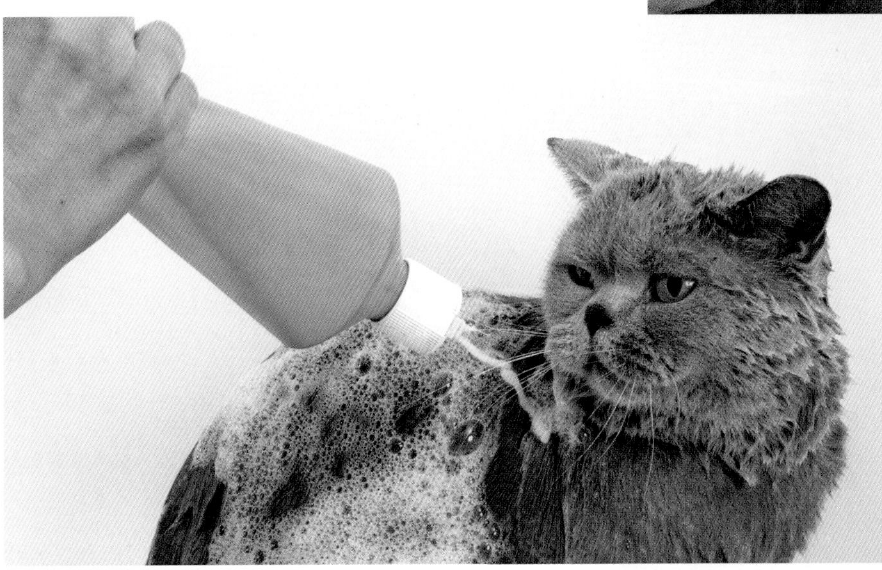

1 △

打湿毛发

开始洗澡之前先给猫刷毛。在浴缸或者水池底部铺上橡胶垫，防止猫在洗澡过程中滑倒。开始洗澡时，温柔地将猫抱进洗澡池内并用温柔的话语安抚它紧张的情绪。用接近猫体温（38.6℃/101.5℉）的温水缓慢地喷洒它的毛发至全身湿润。

2 △

使用香波

使用猫专用香波。不要使用犬用香波和人用香波给猫洗澡，因为这些香波含有对猫来说有刺激或有毒的成分。洗澡过程中避免香波进入猫的眼睛、耳朵、鼻子和嘴巴里面。

3 ▷

洗澡

充分揉搓全身使香波产生泡泡，然后再彻底冲洗干净。重复使用香波清洗全身并再次冲洗干净。在洗澡过程中记得要一直安抚猫。

4▽

擦干

用毛巾将猫擦干，假如猫对吹风机的噪声不是太过敏感，也可以使用低挡位吹风机将毛发吹干。梳理好毛发，让它自己在温暖的房间里晾干。

行为问题

不可接受的行为——如不适当地抓挠或弄脏屋子，表现出攻击性——需要引起重视。这些都是一个信号，表明猫有问题，会影响它的福利或身体健康。

抓挠

猫抓挠东西有两个原因：一是为了保持爪子处于良好的状态，二是为了交际。

它们喜欢抓挠高大、结实、有垂直纹理的东西——遗憾的是，沙发可能符合这些标准。猫可能会发现，挠家具比挠猫抓板更能吸引宠主的注意。如果猫在可能与其他猫发生冲突的地方抓挠，如门口和窗户，它可能是出于交际目的而留下标记，因为它在那里感到不安全。当猫抓挠家具时，必须设法弄清楚是什么让它烦恼，并找到解决的办法。

为了阻止猫乱抓，用厚塑料布覆盖被破坏的表面，并在旁边放一个猫抓板。把美味的食物放在猫抓板上，当猫使用猫抓板的时候，鼓励它。一旦猫持续使用猫抓板，逐渐就将它移到一个更合适的位置。

保持卫生

猫更喜欢在安静、隐蔽的地方排泄，通常会是固定的地方，除非这个地方让它无法接受或无法进入。例如，猫处在一个嘈杂的环境中，在这里可能会被孩子或其他宠物打扰；这个地方离喂食或休息的地方太近；有其他猫挡住去路；猫砂的类型改变；猫砂盆有盖子或没有定期清洁；强烈的尿味。猫使用猫砂盆习惯的改变，有时可能预示着存在健康问题。

必须确定猫是在小便（排泄行为）还是在呲尿（标记行为）做标记。猫会在发生冲突的地区

◁ **家具面临的风险**
抓挠是猫的一种自然行为，可以锻炼身体，帮助爪子保持健康。猫也会在它感到不安全的地方抓挠留下印记。

△ **意外事件**
猫可能会把不该弄脏的地方弄脏，原因有很多，包括环境或日常生活的变化，其他猫引起的应激或者健康问题。

◁ **打斗**
猫天生就会受到其他动物的威胁，这些动物不属于其所在的社会群体。利益冲突经常导致争斗，在那些被迫共享资源的猫之间会经常发生。

呲尿做标记，因此，任何社交或环境问题都必须及时解决。确保每只猫都有自己的猫砂盆，外加一个额外的猫砂盆。使用安全的生物制剂彻底清洁被污染的区域，避免使用成分含有氨或其他强烈气味的化学品。

攻击性

攻击性的信号包括瞪视、发出嘶嘶声、发出咯声、抓挠和咬。在大多数情况下，猫已经知道攻击是必要或有效的。猫表现出攻击性反应是“正常的”，例如，它们感觉受到威胁且无法逃脱时。

攻击性也可能是健康存在问题的一种信号，所以如果猫表现出不寻常的攻击性行为，应致电宠物医生。

猫对人有攻击性的两个主要原因是恐惧和无拘无束地玩耍。猫受到惊吓会用攻击作为防御策略，这通常是因为社会化程度不高或由于消极的经历发展而来。如果猫表现出恐惧，不要试图与它互动或直接靠近它。相反，要等它主动靠近，然后用食物或玩具作为它学会信任的奖励，逐渐建立它的信心。

攻击性游戏包括用爪子抓人和咬人。尖锐的声音或突然的移动，如来往的脚步，可能会触发这种反应，这种反应通常是由幼猫时期不恰当的玩耍行为发展而来的。不要鼓励幼猫扑向宠主的手和脚。“受害者”的反应也可能会强化攻击性游戏——动作和噪声会引发进一步的攻击并刺激捕食本能。无视猫的伏击，不要理睬它，保持别动，不要和它说话，甚至不要看它。当它加入游戏时，宠主要用自己的关注作为奖励，而不是让自己成为它牙齿和爪子的目标。

对其他猫的攻击性，与其感知到的或真实存在的威胁有关，这些威胁令猫感到不安全。由于猫的社交能力有限，它们很难解决冲突。因此，当猫无法轻易避开其他猫时——例如，当它们不得不共享一个猫门时——它们可能会打架。

在没有交叉的区域为每只猫或一群猫（详见第23页）提供必要的资源，可以避免家里猫的争斗。如果自己的猫和邻居家的猫打架，和它的主人谈谈错开时间放猫出去，这样各自的猫在不同的时间外出就不会相遇了。此外，要在花园里放置足够的遮蔽物，这样猫就可以躲起来，感觉更安全。

如果猫有行为问题该怎么办

- 请宠物医生检查猫的健康状况，排除潜在的健康问题
- 试着找出最初引发这种行为的原因，并找出现在触发这种行为的因素
- 如果可能的话，保护猫不受触发因素的影响
- 永远不要因为猫行为不当而惩罚它或给予关注
- 将猫的正常行为（如抓挠）导向正确目标（如猫抓板）
- 请宠物医生推荐一个合格的、经验丰富的猫行为专家

训练和玩耍

猫天生活泼好动，需要大量的刺激来确保身心健康。训练猫养成良好的行为和玩游戏习惯，这些都是与猫积极互动的方式，也是非常有趣的事情。

如何训练猫

友好、有效的训练包括奖励“好”行为和忽略“坏”行为。千万不要用激进的手段来威慑猫——例如，对猫大喊大叫，或者朝它喷水。这样做可能会吓到它，导致它的行为恶化，破坏已经建立的联系。训练猫要循序渐进。如果正在教它如何积极面对潜在的不安情况，如剪指甲或进猫笼，要慢慢来，只要它保持放松就给予奖励。

合乎实际的期望

猫会被激发出诸如狩猎、攀爬、跳跃和抓挠等行为，所以要做好准备。但是，如果发现其中存在任何问题，请尝试提供安全且可接受的替代方案。永远不要惩罚猫或强行干扰它的自然行为，然而如果它的行为存在危险，可以使用物理屏障。也可以通过在另一个房间里制造令其兴奋的声音来间接分散它的注意力，这样它就会停下正在进行的活动去一探究竟。

始终如一

人们总是容易纵容幼猫的可爱行为，但它长大以后，这些行为可能就会让人无法接受。例如，争夺或突袭宠主手脚的游戏可能会发展成攻击性游戏（详见第 37 页）。早点定下规矩——是否允许猫晚上睡在卧室、坐在桌子上或爬到架子上，并坚持这一决定。如果允许偶尔的行为不当，那么猫永远也不会知道宠主要它做什么。

让猫保持兴奋

室内生活会挫败猫天生的捕

◁ **猫抓柱**
猫抓柱必须足够坚固不会翻倒，且其表面不会钩住爪子。有些模型还可以作为猫活动的中心。

▽ **简单的快乐**
猫喜欢探索，当它们感到不安全时，也会本能地躲藏起来。一个简单的纸板箱就能满足这两种需要。

△ **仿真玩具**
为猫提供与真正猎物大小、质地和运动性能相仿的玩具，既可以避免无聊，也可以满足猫的捕猎本能。与宠主一起玩和它独自玩耍同样重要。

聆听响声
在开始响片训练之前，确保猫明白点击和奖励之间的联系。为避免猫感到厌烦，一个项目的训练时间要短。

食本能，这会让它变得无聊，它可能试图破坏室内物品来娱乐自己。为猫提供一个令其满意的替代品来满足它的狩猎需求。互动玩具，如悬挂羽毛的逗猫棒或鼠形猫薄荷，给猫提供一些可以追逐的东西，当它扑向它的“猎物”时，宠主也可以参与其中，但要确保手与它保持安全距离。如果猫在游戏过程中咬人，只需停止游戏，它逐渐就会知道如果咬人，你就会讨厌它。

给猫提供它可以自己玩的玩具，确保宠主不是它唯一的乐趣来源。那些会移动或有纹理的玩具最有可能吸引它的注意。定期轮换这些玩具，避免猫厌烦。

猫也会为了食物动起来。可以买益智喂食器，也可以在塑料瓶上钻洞做一个（确保没有锋利的边缘），然后在里面装满干粮。猫必须用爪子和鼻子触碰喂食器才能让食物掉出来。也可以把食物撒在周围，这样它就必须自己去寻找食物，而不是只会从碗里获得食物。猫喜欢从各个角度探索周围的环境，所以可为猫提供探索、栖息或躲藏的地方：纸板箱和纸袋（去掉把手）是理想的，而且不花钱。

> “**给猫提供**它可以**自己玩的玩具，**确保宠主**不是它唯一的乐趣来源。**”

响片训练

如果想训练猫的行为，例如，进入航空箱，响片训练是非常有效的。响片是一种带有金属片的小装置，按下时就会发出咔嗒声。当猫在做“正确”的事情时点击响片，并立即奖励它，就可以训练它将一次咔嗒声与好东西联系起来，并慢慢学会，做出“正确”的行为。

3

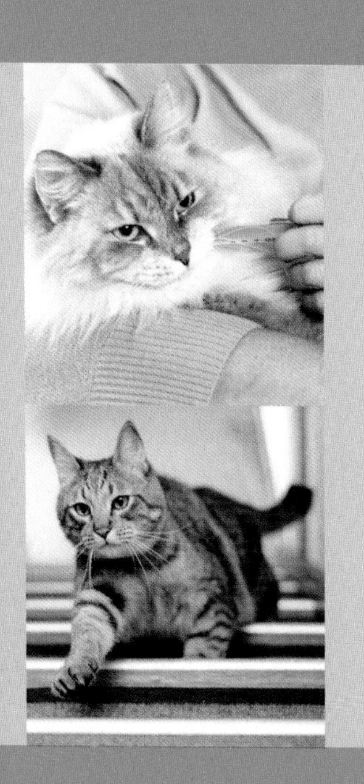

猫的健康

健康的表现

从一开始养猫，就应该了解猫的身体状况和正常行为，只有这样才能确定它是否健康，并及时发现疾病。

健康的表现

- 表情有神而警觉
- 自由奔跑和跳跃
- 对人友好或平静
- 轻松地打理自己
- 饮食量、饮水量正常
- 排尿和排便正常

外观和行为

刚开始，猫害羞畏缩是正常的，当它习惯宠主后，个性就会显现出来。一般来说，不管猫是外向还是内向，看起来都应该是机敏和快乐的。注意它奔跑的速度（快或慢）和它发出的声音（喵喵叫、呜咽声）。观察它是如何与宠主和其他家庭成员互动的。它应该信任宠主，很高兴见到宠主，特别是当它意识到是宠主在为它提供食物的时候。

留意猫是如何吃喝的——它应该胃口很好，吃东西没有任何问题。猫喜欢少食多餐。由于猫主要从食物中获得水分，所以它们喝水频率不会像吃东西那样频繁，但如果只吃干粮，水的摄入

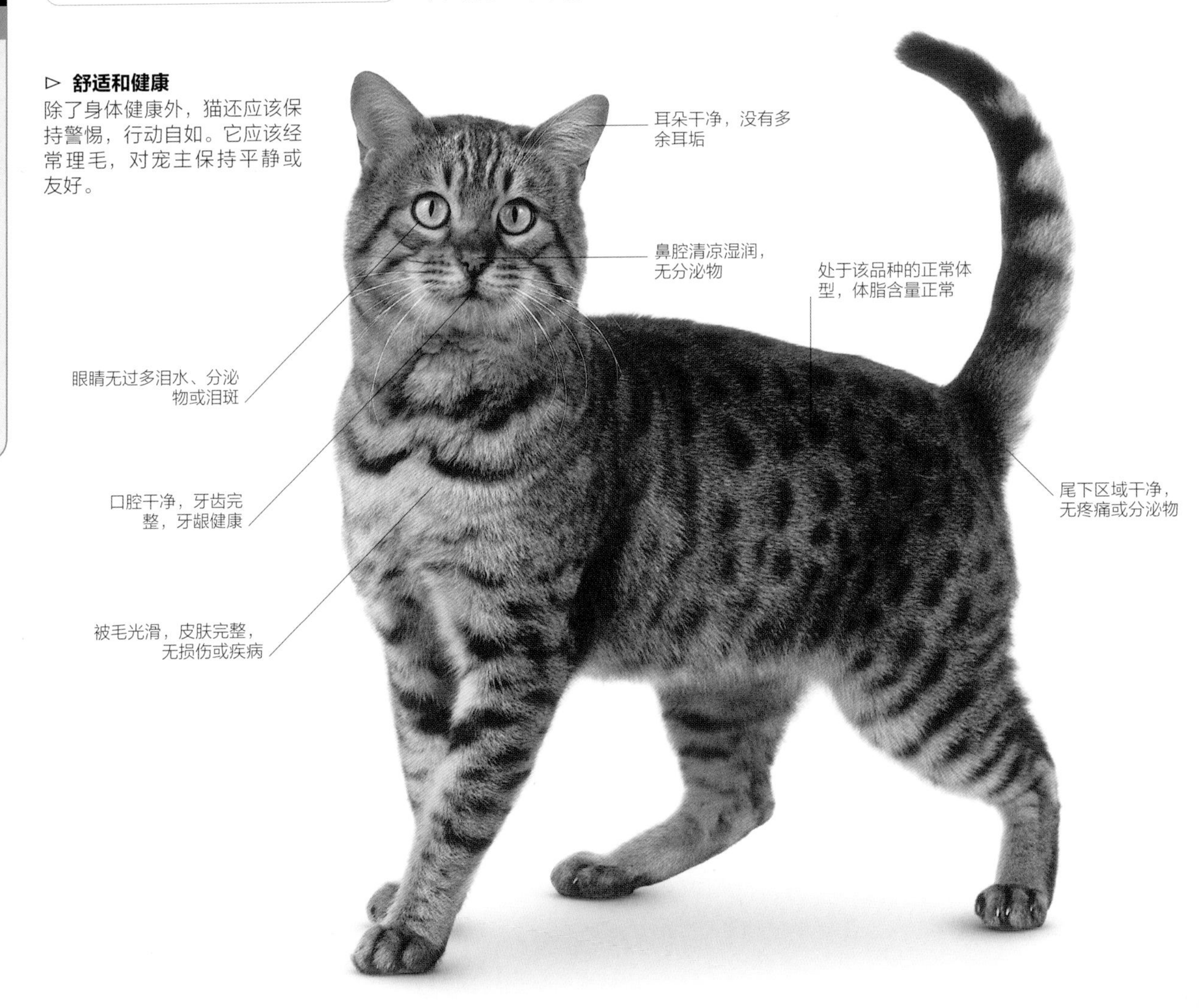

▷ 舒适和健康
除了身体健康外，猫还应该保持警惕，行动自如。它应该经常理毛，对宠主保持平静或友好。

量就会相对增多。

如果猫使用猫砂盆，通过每天清理几次猫砂盆，就能知道正常情况下猫的排便和排尿频率。

留意猫是否有不正常的行为，如过度舔舐身体的某一部位、抓脸或摇头。这些行为可能意味着有伤口、寄生虫感染或有东西粘在皮肤或毛发上。

家庭检查

定期进行彻底的检查。对刚养的猫，每天都有必要这样做。一旦熟悉了猫的状况，可以每两到三天检查一次。如果有必要，可以将整套检查任务分成几个小检查，每个小检查耗时几分钟。

> “不管猫是外向还是**内向，看起来**都应该是**机敏和快乐的。**”

用手抚摸猫的头、身体和四肢。轻轻按压腹部，看看有没有肿块或痛点。移动它的腿和尾巴，确保它们能自由活动。摸摸肋骨，看看腰，判断它是不是太胖或太瘦。

检查眼睛，观察眨眼的频率。通常，猫眨眼的速度比人慢。检查瞳孔对光线和黑暗的反应是否正常，并且第三眼睑几乎不可见。检查猫的耳朵或头部的角度是否奇怪，并查看耳朵内部。检查鼻子是否清凉、湿润、没有多余的黏液。看看口腔内部，检查牙龈是否发炎或出血，是否有难闻的口气。快速轻压外侧牙龈，随着按压，牙龈会变白，当松开时，迅速变回粉红色。

被毛摸起来应该光滑而不油腻。观察和触摸皮肤是否有肿块、伤口、秃斑或寄生虫。轻轻拉起颈背部皮肤，然后松开，皮肤应该很快恢复正常。

检查爪子，当它们缩回时，应该几乎完全隐藏起来，并且不应该勾住地毯和其他表面。

看看尾巴下面，该区域应该是干净的，没有红肿和蠕虫。

常规检查

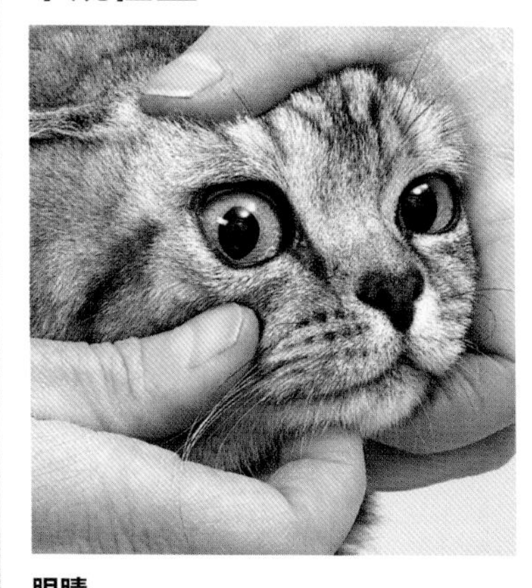

眼睛
检查眼睛是否湿润、干净。轻拨眼睑，结膜（内层）呈淡粉色。

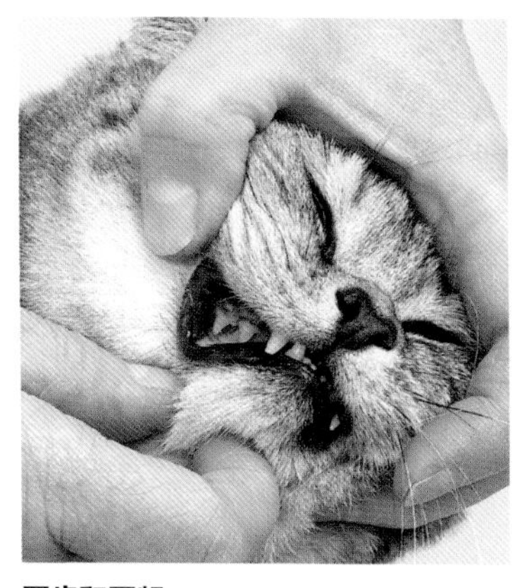

牙齿和牙龈
轻轻掰开嘴唇，检查牙齿和牙龈，并查看口腔内部，牙齿应该是完整的，牙龈应呈淡粉色。

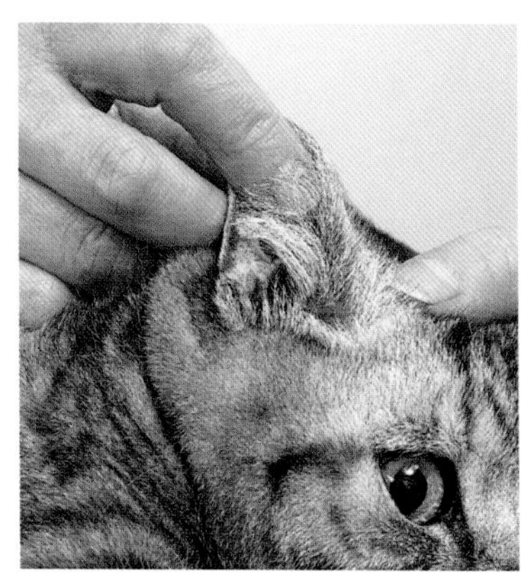

耳朵
看看它的耳朵，内部应该是干净的粉红色，没有伤口、疼痛、分泌物、寄生虫或深色耳垢，没有难闻的气味。

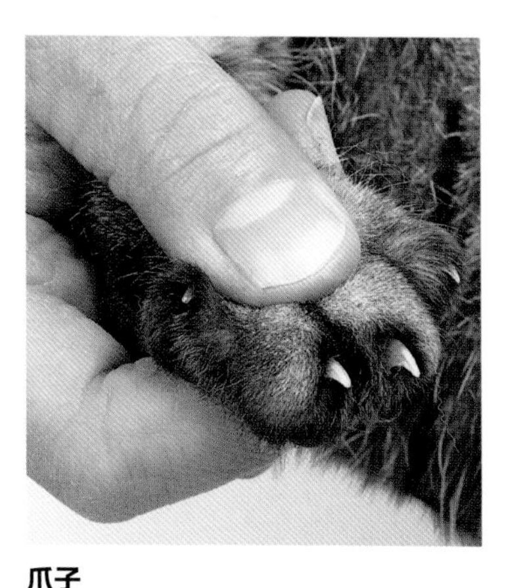

爪子
轻轻按压每只爪子，露出指甲；检查指甲是否有破损或残缺，然后检查指间皮肤是否有任何伤口。

监测猫的健康

通过监测猫的活动或行为变化，可以在早期发现疾病或创伤。同样，宠物医生可以在定期体检时评估猫的状况，并记录发现的任何问题。

◁ **疾病的行为迹象**
如果猫看起来比平时更安静或更无精打采（虚弱和疲倦），这可能意味着它生病了。

发现问题

众所周知，猫很会隐藏，它们不会将任何疼痛、疾病或受伤的迹象表现出来。在野外，猫的生存依赖于隐藏弱点，这样就不会吸引捕食者的注意。然而，这种策略也意味着直到情况变得严重，宠主才有可能注意到问题的存在。

如果猫看起来比平时更饿或更渴、吃不下东西或体重下降，就需要咨询宠物医生。如果猫在排泄时嚎叫或紧张，或者行动异常，这可能意味着它有内伤。

行为的改变也可能表明有健康问题。如猫不愿意主动去找宠主或者会躲起来；相比平时，它可能不那么活跃或睡得更多，变得异常胆小或有攻击性。

第一次去宠物医院

确定好猫的就诊日期，向宠物医生做好信息登记。对于猫的疾病，可以考虑购买宠物保险。

如果之前没有去过宠物医院，问问去过的朋友或邻居，看看当地报纸或互联网广告，或者向动物保护机构或本书末尾（详见第 91 页）列出的任何一个猫组织，征询关于如何搜索宠物医院的建议。

在做决定之前，可以去当地的宠物医院实地考察一番。看看

不健康的表现

- 无精打采，躲藏
- 呼吸异常地快、慢或困难
- 打喷嚏或咳嗽
- 开放性伤口，肿胀，出血
- 血便、尿血或呕吐物中带血
- 跛行、僵硬、无法跳上家具
- 非计划的体重减轻
- 非预期的体重增加，尤其是腹部膨大
- 食欲改变——吃得少、对食物不感兴趣、非常饿或进食困难
- 进食后不久出现呕吐或未消化食物的反流
- 异常口渴
- 腹泻或行动困难
- 小便困难、嚎叫
- 皮肤发痒
- 嘴、鼻子、耳朵等有异常分泌物
- 被毛变化，掉毛过多

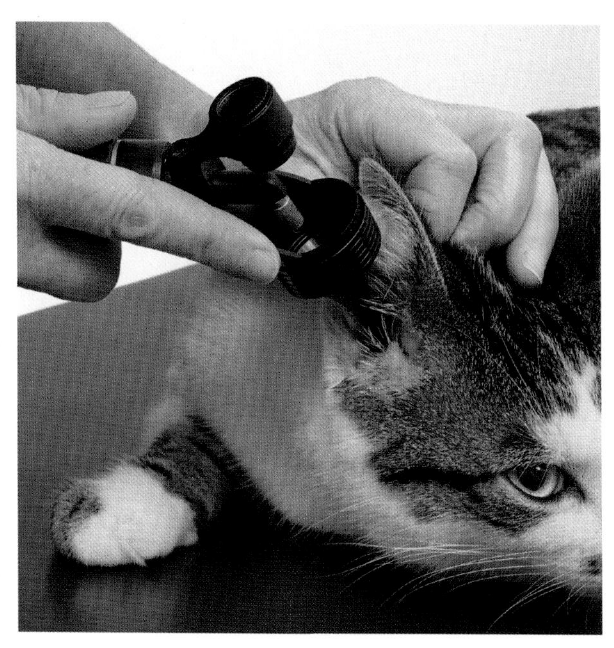

△ **耳朵检查**
宠物医生会使用耳镜（一种带灯的放大镜）查看猫的耳道内部，检查是否有异物、寄生虫或炎症。

△ **关节检查**
宠物医生会触摸并活动猫的四肢，以检查关节是否疼痛或僵硬。

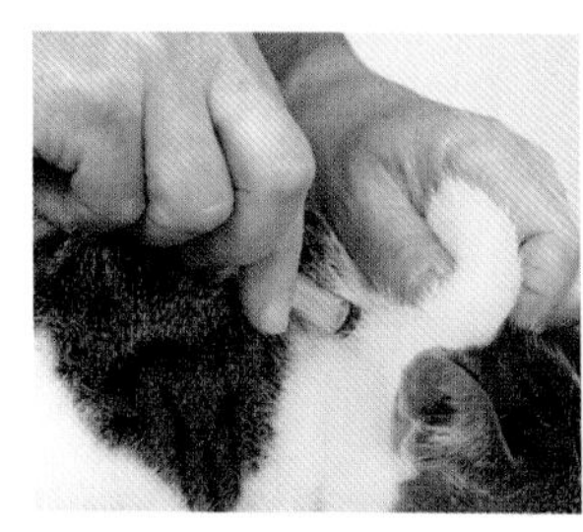

◁ **猫接受疫苗接种**
接种疫苗可预防一系列传染病。大多数疫苗是通过注射接种的。

问诊处是否为猫设置了单独的等候区，并允许人们把猫的航空箱放在座位或其他高处，这样的安排有助于舒缓宠物的紧张情绪。

从繁育者那里购买的猫或者从动物保护机构领养的猫最好是已经由宠物医生做过检查。否则，建议领养后带它去做一次全面的检查。宠物医生会检查猫是否已绝育、是否植入辨识身份的微型芯片（详见“幼猫健康检查”第88~89页），如有需要，会给绝育或植入微型芯片，宠物医生还会评估猫的整体健康状况，并确保猫接种了最新的疫苗。

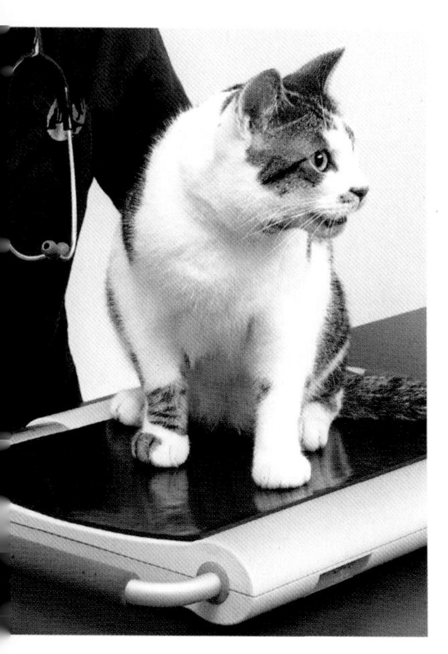

◁ **猫称重**
准确记录猫的体重很重要，特别是当猫需要减肥或增重的时候。

常规的宠物医生检查

宠物医生将进行基本的健康检查，如有必要再进行额外的诊断测试。医生会教宠主如何在家进行一些基本的检查（详见第43页）。

宠物医生除了给猫监测心跳，还会监测后腿内侧的脉搏。观察猫的呼吸，用听诊器检查肺部，以发现任何异常的声音，如哮鸣和湿啰音。宠物医生会将一个润滑过的温度计插入猫的肛门来测量体温。

宠物医生会使用带灯的观察仪来检查猫的眼睛和耳朵内部。在检查腿、爪子和指甲之前，宠物医生还会检查猫口腔内部并触诊腹部以发现任何肿胀或疼痛。

宠物医生会给猫称体重。这一点很重要，因为即使是200克（约7盎司）的体重变化也可能意味着猫的健康状况存在问题。

附加服务

猫应该每年至少接受一次定期的健康检查。宠物医院也会提供额外的服务，如体重控制专科、牙科检查、绝育后护理和老年猫专科。像剪指甲这样的小任务可能由宠物医院的护士来完成。

遗传性疾病

遗传性疾病是一种代代相传的健康问题。某些疾病与特定的品种有关，下文介绍了一些主要的遗传性疾病。

为什么会发生遗传性疾病?

遗传性疾病是由基因（细胞内的 DNA 片段）缺陷引起的，这些片段包含控制猫的发育、身体结构和功能的“指令”。遗传性疾病通常发生在小群体中或由亲缘关系过于密切的动物交配造成。因此，这种疾病在系谱中更为常见。有时筛查测试可以识别有遗传性疾病的猫。

多囊肾（PKD）

多囊肾（PKD）与波斯猫和异国短毛猫有关。这是一种常染色体显性遗传病——一只猫仅从父母一方就能遗传到这种疾病。在 PKD 中，肾脏内形成大量充满液体并逐渐增大的囊肿。这种疾病会导致尿量增加、极度口渴、体重减轻和嗜睡。可以通过对口腔拭子的 DNA 分析筛查 PKD。

心肌肥大（HCM）

心肌肥大（HCM）主要发生于缅因猫和布偶猫，与基因缺陷有关。这种疾病会导致心脏肌肉变厚弹性降低，从而减少心室空间和心脏可以泵出的血液量。最终会导致心力衰竭。HCM 的症状包括呼吸急促、嗜睡和食欲不振。筛查包括基因测试和心脏超声波扫描。

低钾血症期多发性肌病

这种疾病常见于缅甸猫，以及与之相关的品种如孟买猫、东奇尼猫和雷克斯猫。这是一种常染色体隐性遗传病，由父母双方的缺陷基因引起。在低钾血症期多发性肌病中，血液中的低钾水平会导致肌无力、行走僵硬和抬头能力下降。患猫可能有呼吸和站立困难。这种疾病可以通过基因测试确诊，可以通过补充钾来治疗。

△ 缅甸猫
低钾血症期多发性肌病最早可能出现在 2~6 个月，通常发生于缅甸猫或相关的亚洲品种。压力、天气寒冷或运动都可能引起疾病发作。

◁ PKD 和波斯猫
波斯猫是患 PKD 的高危品种之一。在这种疾病中，肾脏中会出现充满液体并不断增大的囊肿，这会伴随猫的一生，最终导致肾衰竭。

肌肉骨骼疾病

肌肉骨骼系统包括骨骼和关节、软骨、结缔组织以及肌肉。猫常见的肌肉骨骼问题是骨折和韧带撕裂，但它们也可能发展成关节炎。

症状

- 腿部无法负重
- 当触摸疼痛部位时，嚎叫或发出嘶嘶声
- 身体某部分肿胀或变形
- 无法跳上高处
- 行走时僵硬或跛行
- 活动减少或不愿动
- 躲藏起来
- 使用猫砂盆有困难
- 不愿仔细梳理毛发

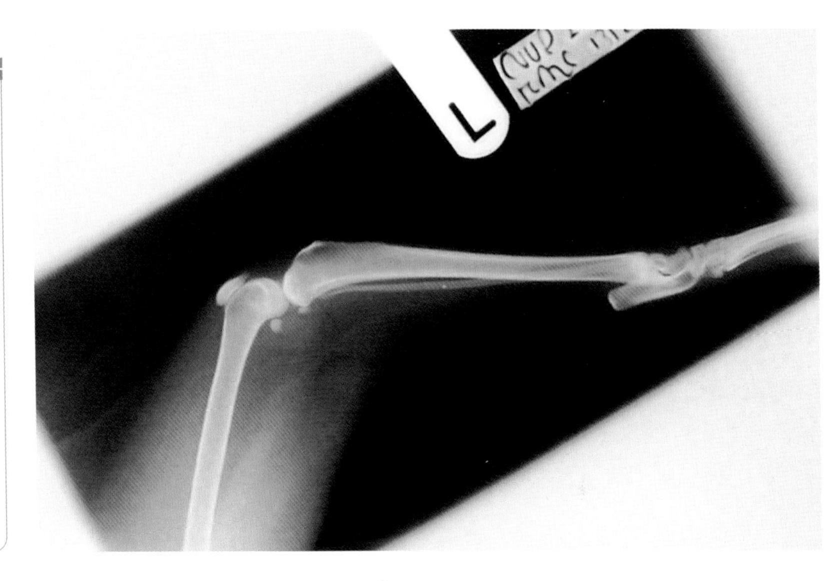

△ **寻找受伤部位**
宠物医生使用 X 光片来评估骨骼和关节的损伤。这个过程是无痛的，但可能会给猫注射镇静剂，让它保持安静。

骨折

猫骨折的最常见原因是交通事故（详见第 74~75 页），其他原因还包括从高处坠落。骨折可以是闭合的，即两根骨的末端都在皮肤内，也可以是开放的（复合式），即断裂一端或两端都穿过皮肤突出。猫骨折后可能会失去知觉，或受到惊吓，或因疼痛而嚎叫。断肢或断尾会无力地悬着或以某个奇怪的角度悬着。

猫发生骨折要立即带它去宠物医院。宠物医生会检查是否有内伤，并拍 X 光片。骨折后需要静养 6 周左右，直到它愈合。对于腿骨折，宠物医生会用石膏或夹板固定受伤部位。严重骨折可能需要进行内固定或外固定。

在家里，要让猫保持安静并限制它的活动，有必要的话需要把它关在笼子里。宠物医生会给猫开止痛药，并戴上伊丽莎白项圈，以防止它舔咬受伤部位。

关节炎

骨的末端连接在一起形成一个关节，其表面覆盖着光滑的软骨，确保活动起来更容易。在关节炎中，软骨磨损并在骨骼上形成增生物，导致疼痛（尤其是在运动时）和炎症。发生关节炎可能是由于自然老化、旧伤或发育障碍。肥胖会给关节带来额外的负担，加重关节炎。

宠物医生会触摸和转动关节，进行 X 光检查，可能会从关节腔中提取少量液体样本进行化验。也可能会给猫转诊做核磁共振扫描，医生会开止痛药，会建议补充维护关节健康的保健品，推荐从饮食上控制体重。在家里静养时，要确保食物、水碗、猫窝和猫砂盆都放在猫的附近。

“肥胖会给关节带来额外的负担，加重关节炎。”

眼部疾病

疾病损伤可能会破坏眼睛和眼睑的结构。猫所有眼部问题都需要让宠物医生及时检查，如果不治疗，即使是轻症也会影响视力。

症状

- 眼睑完全闭合或部分闭合
- 水样分泌物
- 黄色 / 绿色黏性分泌物
- 眼睑内层发红
- 揉眼睛
- 眨眼频率增加
- 撞到物体，误判高度（视力下降）
- 在强光下，瞳孔扩张
- 眼部或眼睑肿胀
- 第三眼睑增生

结膜炎和眼部损伤

结膜是内层眼睑的膜，覆盖在眼球上。结膜炎的症状是结膜肿胀和发红。常见的原因包括外界刺激、过敏或感染。可见白色、透明或绿色的分泌物。猫可能会迅速眨眼，抓挠眼睛。宠物医生会用眼药水来清除感染、缓解炎症，并给猫戴上伊丽莎白项圈，防止猫抓挠眼睛。

眼部受伤或眼睛里有碎片，可能会引起第三眼睑和结膜炎症，或引起眼睛前部的角膜变蓝。宠物医生会使用荧光剂显示受伤或溃疡部位。治疗包括清除碎片，缓解疼痛，如果有细菌感染，还会使用抗生素。

失明

失明可能是突发（急性的）或渐进的。急性视力下降的原因之一是青光眼（疼痛性眼球积液）。因瞳孔变大，角膜浑浊，眼球可能看起来变大了。如果不及时进行治疗，可能会导致失明。宠物医生会开一些眼药水和药片来降低眼压。

在老年猫群体中，急性失明可能是由于视网膜脱落。症状包括瞳孔增大。白内障则导致逐渐失明，可以通过手术切除病灶，并植入人工晶状体。

其他眼部疾病

波斯猫、暹罗猫、缅甸猫和喜马拉雅猫易发角膜坏死。角膜上形成一块黑色斑块状坏死组织，会引起疼痛和过度流泪。这个斑块可以通过手术移除。

第三眼睑或瞬膜综合征会导致眼球出现可见的第三眼睑。可能的原因包括病毒和绦虫感染。

宠物医生检查猫的眼睛
宠物医生通常使用检眼镜（一种带有放大镜和照明的仪器）来检查眼睛内部。

△ 患有第三眼睑综合征的猫
在这种情况下，第三眼睑在双眼内角更明显。这种病多发于幼猫。

耳部疾病

猫会出现各种各样的耳部问题，包括从外耳损伤到导致平衡问题的内耳疾病，也会因为遗传疾病患上耳聋。

症状

- 摇头
- 抓挠耳朵
- 单耳或双耳发臭
- 单耳或双耳不干净，耳内有深色耳垢黏性物质或白色分泌物
- 触摸耳朵或进食时耳朵疼痛
- 耳聋（先天或后天）
- 耳廓肿胀（血肿）
- 头部倾斜，失去平衡，恶心作呕（中耳/内耳疾病）

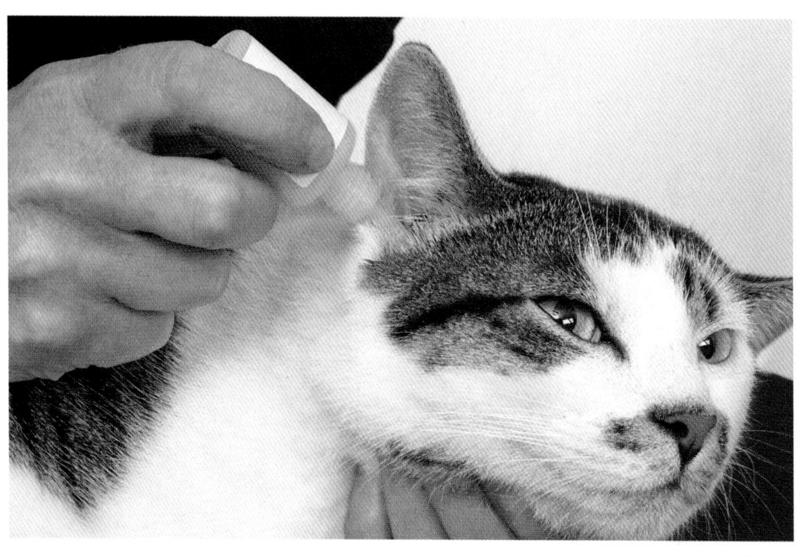

△ **给耳朵滴药**
按住头部，使需要治疗的耳朵正面朝上。把药水挤进去，然后按摩耳朵根部。

外耳问题

猫在打架或抓挠时，耳廓经常受伤。咬伤或抓伤可能导致脓肿（受感染后充满脓液的肿块）或血肿（充血的肿块）。少数会发展成不太常见的皮肤癌，特别是浅色耳朵的猫。

耳道炎症（外耳炎）通常由耳螨引起，耳螨是一种白色点状大小的寄生虫（详见第52页），可引起强烈的瘙痒，并形成黑色、蜡状、有臭味的分泌物。其他原因可能包括细菌感染、过敏、肿瘤或耳道息肉（肉芽增生）。

宠物医生会清理猫耳道中多余的碎屑或分泌物。治疗方法包括针对性治疗清除耳螨，滴耳液治疗感染，以及脓肿或血肿的引流。

中耳和内耳问题

中耳炎症（中耳炎）可能是由沿耳道蔓延的感染或异物穿透鼓膜引起的。症状包括疼痛（导致猫摇头）、抓挠耳朵（耳内有分泌物）和嗜睡。耳朵感染扩散可能会影响面部神经，导致霍纳氏综合征（见右框），猫一张开嘴就会感到疼痛。

中耳炎有可能扩散到内耳，因此需要立即引起注意。会导致听力受损或前庭神经综合征，影响身体平衡。

宠物医生会给猫注射镇静剂，并检查耳膜的损伤或炎症情况。还会安排内耳的X光拍片或核磁共振扫描。

宠物医生会开一些药物来缓解耳朵和面部神经的炎症，用抗生素清除感染，或者用止吐药治疗前庭神经综合征。鼓膜破裂可能会自行愈合，但对于持续性中耳炎，则需要手术排脓。

霍纳氏综合征

耳朵感染可能会扩散到面部神经，导致对应侧眼睛发生霍纳氏综合征。

症状

- 眼球凹陷
- 瞳孔收缩
- 下眼睑下垂
- 第三眼睑增生

被毛和皮肤疾病

猫天生能通过理毛来保持被毛和皮肤的健康。然而，皮肤疾病仍然会发生。这些问题通常很容易被发现，需要及时前往宠物医院诊治。

症状

- 被毛无光泽、油腻
- 皮肤和被毛有鳞片状、结痂状或硬壳状的碎屑
- 皮疹或斑点
- 掉毛
- 毛色改变
- 发痒、过度舔舐或抓挠
- 被毛散发出难闻气味
- 猫的皮肤有灼热感
- 有肿块或凸起

过敏反应

免疫系统能保护身体免受感染。当猫的免疫系统对某种物质反应过度时就会发生皮肤过敏，例如，某种食物、花粉或寄生虫（详见第 52~53 页）。症状可能包括左侧方框中列出的多种情况。有一种被称为粟粒状皮炎的皮肤反应，会出现小肿块、结痂和硬块，通常发生在背部和尾根部。这种病症通常会发展成受感染皮肤区域出现液体渗出，需要使用抗生素进行长期治疗。发生过敏性皮肤病和粟粒状皮炎的最常见原因是跳蚤过敏。宠物医生会用细齿梳梳理被毛，检查是否有感染，还会刮取皮肤样本做显微镜检查。如果宠物医生怀疑过敏是由某些食物引起的，会建议进行几周的低敏饮食，然后逐渐重新引入原来的食物，以确定导致食物过敏的原因。治疗过敏的方法包括使用皮质类固醇或环孢霉素等药物或接种一个疗程的脱敏疫苗。抗组胺药或 Ω-3 脂肪酸也会有一定帮助。

◁ **过度抓挠**
抓挠可能会进一步加剧皮肤瘙痒，因为猫爪上有细菌，会造成该区域感染。

猫癣

这种由真菌感染导致的疾病具有高度传染性，可以在人类和动物之间传播。出现在猫身上，可能会导致皮肤上出现灰色鳞片状硬块和大量脱毛，通常位于头部、耳朵、背部或爪子上。但是，这种感染也可能根本没有任何迹象，只有当与猫接触的人出现皮肤瘙痒时，猫癣才会被诊断出来（这种感染很少导致猫发痒）。

为了做出诊断，宠物医生会用紫外线灯（伍德氏灯）检查猫的毛发。被感染的毛发区域有时会显现绿色荧光，但并不总是这样。宠物医生也会收集一些毛发

△ **严重掉毛**
猫耳朵前面的被毛天生较薄，其他地方的毛发稀疏或斑秃都要引起关注。

▷ **不停舔毛**
如果猫皮肤发痒或疼痛，它们可能会过度舔舐自己。过度理毛也可能是焦虑或应激的一种迹象。

样本进行真菌培养。家里所有的其他宠物也应该接受检查。

口服抗真菌药物，并结合抗真菌沐浴液，是治疗猫癣的常用方法。真菌孢子可以在家里停留几个月，所以需要消毒或更换梳毛用具和猫窝等物品，并对地板和家具做彻底吸尘，小心处理吸尘器里的灰尘。长毛猫可能需要剃毛，以减少进一步感染的风险。

猫咬伤脓肿

脓肿是一种充满脓液的肿块。脓肿通常是因为与其他猫发生争斗引起的，因为牙齿会将感染源传播到伤口上。猫可能会发烧，失去食欲，然后躲藏起来。

如果脓肿破裂，猫会感觉好一些。在500毫升水中加入一茶匙盐（约4.5克），给猫清洗伤口，然后带它去宠物医院。如果脓肿还没有破裂，宠物医生会用手术刀划破以释放脓液，并用抗生素治疗感染，同时建议持续清理伤口，直到脓肿痊愈。

黑下巴（痤疮）和种马尾（油尾巴）病

这两种情况都是由于皮肤腺体分泌过多油性皮脂引起的。痤疮最常发生在下巴。种马尾病最易出现在尾根部，导致被毛油腻，且经常打结。种马尾病主要发生在未绝育公猫这一群体，但也并非绝对。

一般来说，这些情况都不是必须要处理的，但如果发生感染，就需要用抗生素治疗。为了改善油尾巴的情况，宠物医生会剪掉尾巴上的毛，并开具用以减少油脂的洗剂。如果是未绝育公猫，会建议做绝育。

皮肤增生

如果发现猫体表有肿块，一定要及时做检查。宠物医生会在猫清醒或麻醉状态下用针头进行活组织检查，采集细胞样本进行分析。如果诊断出有严重的问题，例如，癌细胞增殖，宠物医生将与宠主讨论治疗方案。

耳朵、眼睑、嘴唇和鼻子等部位的无色素沉着或浅色皮肤容易患皮肤癌。如果猫的这些地方出现溃疡、结痂或疼痛，尽快带它去宠物医院接受检查。越早治疗，皮肤癌治愈的成功率越高。作为一种预防措施，可以使用专门为猫配制的高防晒系数的防晒霜，这种防晒霜不易被洗掉或梳掉。

“如果在猫身上发现肿块，一定要及时带它做检查。”

体外寄生虫

体外寄生虫是一种寄生在猫皮肤上的微小生物，如跳蚤、蜱虫和螨虫。它们叮咬后产生的唾液会刺激皮肤，其本身也会传播疾病。

症状

- 毛发变稀疏、斑秃
- 结痂，且有硬块
- 瘙痒、不适
- 过度理毛
- 摇头
- 宠主或其他宠物也发生皮肤瘙痒
- 可以看到寄生虫虫体

跳蚤

跳蚤是最常见的体外寄生虫，以宿主血液为营养来源。幼猫严重感染跳蚤会因失血而导致贫血。对于某些猫，跳蚤的唾液可能会引发皮炎（详见第 51 页）或严重的过敏反应。跳蚤也会携带绦虫（详见第 53 页）和传播疾病，如巴尔通体病（猫抓综合征）等疾病。

有跳蚤的猫可能会过度抓挠和理毛，导致脱毛、皮肤发炎或破裂。在被毛上可能会看到跳蚤虫体或黑点（跳蚤粪便）。家中其他宠物或人也可能被叮咬。

宠物医生会推荐有效控制跳蚤的治疗方法。家中其他宠物也要一起接受治疗，地毯、家具和汽车也需要喷雾消毒。不要用治疗犬跳蚤的产品治疗猫，因为对猫可能是有毒的。

蜱虫

像跳蚤一样，蜱虫也以血液为营养来源，但它们要大得多。蜱虫主要在春天或秋天出现，常见于荒原、草地或林地。它们附着于皮肤，用口器进食，看起来像灰色或黑色的小疙瘩，随着进食而变大。蜱虫会引起宿主失血进而导致贫血，其口器会刺激皮肤。蜱虫还可以传播细菌和其他传染病，其中一些可能是严重传染病，如莱姆病和土拉菌病（兔热病）。

宠物医生会演示如何用蜱钩除掉蜱虫，轻轻地扭动以使蜱虫松开，并确保口器没有留下。为了预防蜱虫感染，可向宠物医生咨询驱除蜱虫的相关药品。

螨虫

螨虫是一类微小生物，它们中有几种可能会感染猫。耳螨是最常见的螨虫（详见第 49 页），另一种是亮橙色的恙螨，以组织液为营养来源，它们会导致强烈的瘙痒，并在毛发稀疏区域产生丘疹或结痂，如耳前部和脚趾间。其他种类包括姬螯螨（*Cheyletiella mites*，也称“行走的头皮屑”）和猫背肛螨（*Notoedres cati*）。后者会导致猫疥疮，这是一种不常见但很严重的病症，会导致皮肤瘙痒、粗糙、结痂和增厚。宠物医生会对患处皮肤刮片来鉴别螨虫，并针对不同的螨虫推荐相应的治疗方法。

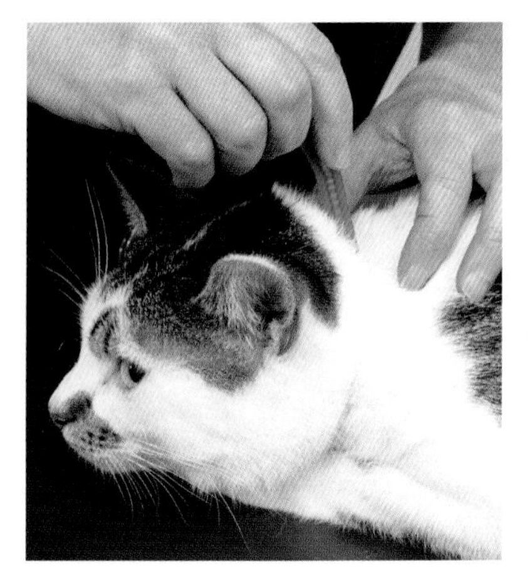

△ **检查猫是否有跳蚤**
使用细齿跳蚤梳，可以帮助找到跳蚤虫体或跳蚤粪便，特别是在颈部和尾根部。

▷ **寄生虫**
这里展示了 4 种常见的体外寄生虫。猫很容易从户外环境中或其他猫身上感染到这些寄生虫。

跳蚤

蜱虫

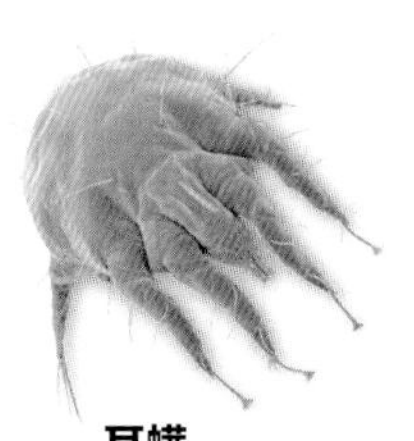

耳螨

恙螨

体内寄生虫

有些寄生虫寄生在猫的体内，通常在肠道，也会在其他部位，如肺部。其中最常见的3种类型是蛔虫、绦虫和弓形虫。

症状

- 持续进食，但体重仍减轻
- 腹部鼓胀
- 腹泻
- 咳嗽
- 整体健康状况不佳
- 被毛粗糙或无光泽
- 呕吐物或粪便中看见成虫
- 尾巴表面或下方或粪便中有绦虫片段

△ **蠕虫和体重减轻**
蠕虫感染会导致猫的体重减轻，因为当食物通过猫的肠道时，蠕虫先从食物中获取营养。

蛔虫

最常见的体内寄生虫是蛔虫，它们看起来像一根意大利面条。蛔虫定殖在肠道中，虫卵通过粪便排出。猫因捕食受感染猎物或接触粪便而吞下虫卵。哺乳期母猫可以通过乳汁将幼虫传给幼猫。猫弓首蛔虫有传染给人类的风险。

蛔虫从猫的食糜中获得营养，并破坏肠道内壁。症状包括昏迷、呕吐、腹泻和腹部鼓胀。幼猫受感染后情况可能比成猫更严重。严重的蛔虫感染可能会阻塞肠道。幼虫在肺部迁移时会引起咳嗽。

如果猫感染了蛔虫，宠物医生会检查猫的粪便样本，开驱虫药，并建议使用预防性药物。

绦虫

猫感染绦虫，通常是因为在理毛时吞下了跳蚤（跳蚤可以携带绦虫卵）或捕食了受感染的猎物。虫体在猫的肠道中生长，并从食糜中获得营养。绦虫感染可能是呕吐和体重减轻的原因之一。

成虫会脱落含有虫卵的扁平节片，并随猫的粪便排出体外。它们看起来像是在蠕动的米粒，附着在肛门周围、尾巴上或粪便中。宠物医生会开抗绦虫药。严格控制跳蚤有助于预防猫再次感染绦虫。

弓形虫

弓形虫病是由于感染了弓形虫这种单细胞生物。猫可能会因为捕食受感染猎物而接触到这种生物体，并通过粪便排出卵囊（未成熟生物体）。孕妇在处理猫砂时应佩戴手套，可以预防将弓形虫病传染给未出生的婴儿。

猫感染弓形虫很少出现症状，但也有一些猫会出现发烧、眼睛炎症、神经系统问题、呕吐和腹泻等症状。克林霉素是治疗弓形虫病的常用抗生素。

▷ **蛔虫**
蛔虫可以长达10厘米（4英寸），颜色从白色到浅棕色。蛔虫卵的传染性可以维持数月甚至数年。

口腔疾病

猫进食和理毛都需要口腔的参与。口腔可以分泌唾液来保持自身健康，定期检查甚至刷牙将有助于预防疾病。

症状

- 口臭
- 牙齿变黄或变棕色
- 牙齿根部有白色或黄色的沉积物（牙菌斑）
- 牙齿根部的牙龈发红
- 进食困难，可能会拒食某些食物
- 食欲丧失
- 吃东西时疼得直叫，或者用爪子挠嘴
- 流涎、流脓或流血
- 一侧脸部肿胀
- 牙龈处有灰色分泌物（脓液）
- 口腔内或下颚有增生

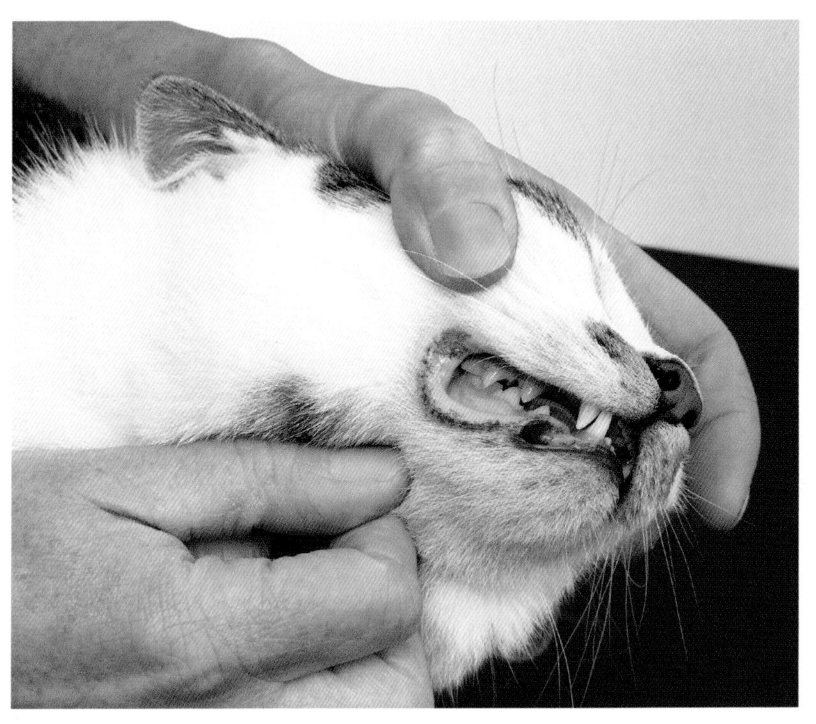

△ **宠物医生检查牙齿**
宠物医生会检查猫的牙齿、牙龈和口腔黏膜，看它是否有牙垢、牙龈炎、出血或受伤等问题。

保持牙齿健康

定期检查猫的口腔（详见第43页），并保持牙齿清洁以防止牙菌斑形成是非常重要的。牙菌斑是一种由细菌和食物残渣组成的黏性薄膜，在进食后形成。随着时间的推移，它可以与唾液中的矿物质结合，形成一种坚硬的黄褐色沉积物，称为牙垢（结石）。

宠物医生会推荐抗牙菌斑的食物或添加剂。每周至少给猫刷一次牙也会有帮助。要用猫专用牙膏，而不是人类的牙膏，以及猫专用牙刷（或者用纱布包裹指尖代替牙刷给猫刷牙）。刷牙时，轻轻翻开猫的嘴唇，然后沿着牙齿和牙龈刷或按摩。

牙龈炎、口腔炎

诸如牙龈炎（牙龈发炎）和口腔炎（口腔内的炎症）等疾病，通常是因为猫的免疫系统处于应激状态。其他原因包括传染病，如猫杯状病毒（FCV）。口腔炎也可能是由于异物卡在口腔中或家用化学品导致。

牙龈发炎时，牙龈是暗红色的。如果不及时治疗，牙龈可能会萎缩或脱离牙齿，留下发炎的囊袋，从而发生感染（牙周炎）。口腔发炎时，口腔内部红肿疼痛。发生这两种情况，猫都会有明显的疼痛反应（见上框）、流口水、进食困难或拒绝某些食物等症状。情况严重时，牙齿可能会松动或完全脱落。

宠物医生先麻醉猫，用超声波除垢器去除牙垢，并抛光牙齿。松动和患病的牙齿会被拔除。通常用抗生素来治疗感染，结合止痛药来镇痛。

牙根脓肿

这是一种由于感染进入组织而在牙根处形成的充满脓液的肿胀。发生牙根脓肿时，猫可能会非常痛苦，这会导致它用爪子抓

▷ **清洁猫的牙齿**
使用与指尖匹配的“手指刷”是清洁猫牙齿的方法之一。从后牙开始，做圆周运动轻轻刷。

挠脸部。这种情况下，猫吃东西会很困难，或者会尝试仅用一侧口腔来吃东西。它可能会拒绝吃硬的食物，或者失去食欲，流口水，还会有口臭。在牙龈处可能会有灰色的脓液，脸颊皮下可能有肿块。

宠物医生先麻醉猫，再检查它的口腔，并拍摄X光片。可能会开抗生素和缓解疼痛的药片，但如果脓肿很严重，牙齿可能会被拔除。

“用特殊的猫牙膏和牙刷来清洁猫的牙齿。”

牙齿咬合不正

在牙齿咬合不正案例中，当猫闭上嘴时，牙齿是对不齐的，即不能正确地合在一起。发生这种情况，可能是由于下巴受伤或牙齿过度拥挤导致。咬合不正会干扰进食，还会残留食物形成牙菌斑，增加感染的风险。某些短鼻品种，如波斯猫，可能会因为下巴太短而无法容纳所有的牙齿。有些猫在换牙时，新的牙长出而乳牙不脱落，新的牙齿就会长得歪斜。宠物医生会拔掉错位的牙齿。

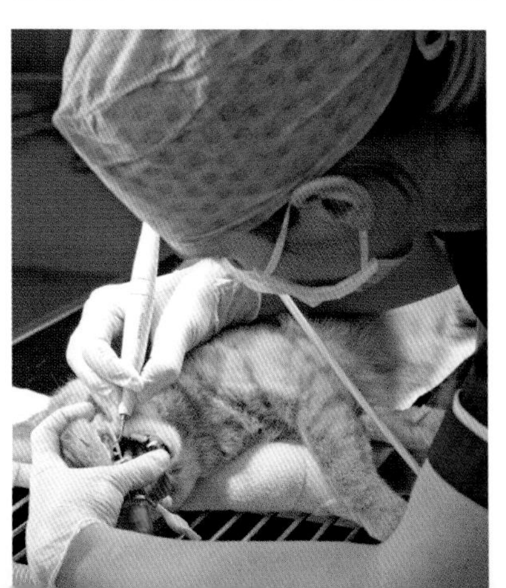

◁ **宠物医生进行牙科治疗**
随着成牙的生长，犬齿是最常见的被保留下来的乳牙。宠物医生可能会拔掉这颗乳牙，这样成牙才会长直。

增生

口腔中最常见的肿瘤（增生）是鳞状细胞癌，这是一种癌症。它来源于口腔和喉咙的黏膜细胞，最常出现在舌下或牙龈中。该病易发于老年猫。肿瘤可以表现为结节或肿块。患病猫可能有口臭、流口水、口腔出血或溃疡等情况，并可能难以吞咽或闭上嘴。随病情发展，牙齿可能会松动，或出现面部扭曲。

肿瘤生长迅速，需要及时关注。宠物医生会给猫的头部拍X光片，并从增生中提取组织样本来识别肿瘤。治疗措施可能包括手术切除肿瘤和放射治疗以杀死残留的癌细胞。肿瘤经常复发，所以需要定期体检。

牙科治疗后的家庭护理

接受牙科手术后，猫可能会嘴巴疼痛，并且因为做了全麻，所以它会昏昏沉沉一段时间。宠物医生会开止痛药，同时可能会提供饮食建议，列出便于猫采食的食物。把猫窝放到一个安静的地方，并将食物、水和猫砂盆也放到附近。可能需要人工饲喂一段时间，直到它能自己吃东西为止。

消化系统疾病

消化系统分解食物，释放营养物质，由机体细胞吸收利用。猫在进食或消化方面的任何问题都会对健康产生整体影响。

症状

- 食欲的增加或减少
- 呕吐或反流
- 腹泻——经常排出大量软便
- 便秘——无法排便，持续一天以上
- 血便
- 粪便的颜色、排出频率或硬度改变
- 体重减轻

▽ 虚弱
猫发生呕吐或腹泻，会看起来异常安静和昏睡。它会缺少营养，因为脱水缺乏能量。

食欲改变

食欲不振可能预示有口腔疼痛（详见第 54~55 页）、猫流感（详见第 58 页）、肠胃紊乱或肾病等疾病（详见第 67 页）。猫受到应激也可能拒绝进食。试着用美味的食物吸引猫，然后联系宠物医院。不要让猫超过一天不吃东西，因为这会危及它的健康。

食欲的显著增加也可能是疾病的征兆，如甲状腺机能亢进（详见第 61 页），或某些药物的副作用，如皮质类固醇。即使没有明显的原因，也要监测猫的体重，因为肥胖会导致或加重其他疾病。

呕吐和反流

呕吐是猫保护自己免受不良食物或有毒物质伤害的一种反应（详见第 78~79 页）。健康的猫偶尔呕吐是正常的，如在吃了草之后或为了排毛球。偶尔一次呕吐并不需要惊慌。然而，反复呕吐可能是疾病的征兆，可能是有毛球或其他物体阻塞胃肠道，应及时前往宠物医院就诊。反复呕吐和腹痛表明有严重的消化系统紊乱，可能是由于吃了刺激性或受

△ 引起食欲
如果猫不吃平时常吃的食物，试着提供一些美味的食物，如虾。把食物放在室温下，或者稍微加热一下，让它闻起来更美味。

污染的食物而引起的。持续呕吐会导致脱水。每小时提供少量清淡的食物和少量的水，但如果幼猫或成猫继续呕吐，应立即前往宠物医院。

反流是指吃完食物后不久就吐出。吐出的食物是黏糊糊的，但外观相对没有变化（相比之下，呕吐是将部分消化的食物排出体外）。偶尔反流不是问题，但如果反复发生，可能表明喉咙或食道（食管）堵塞，需要去宠物医院接受治疗。

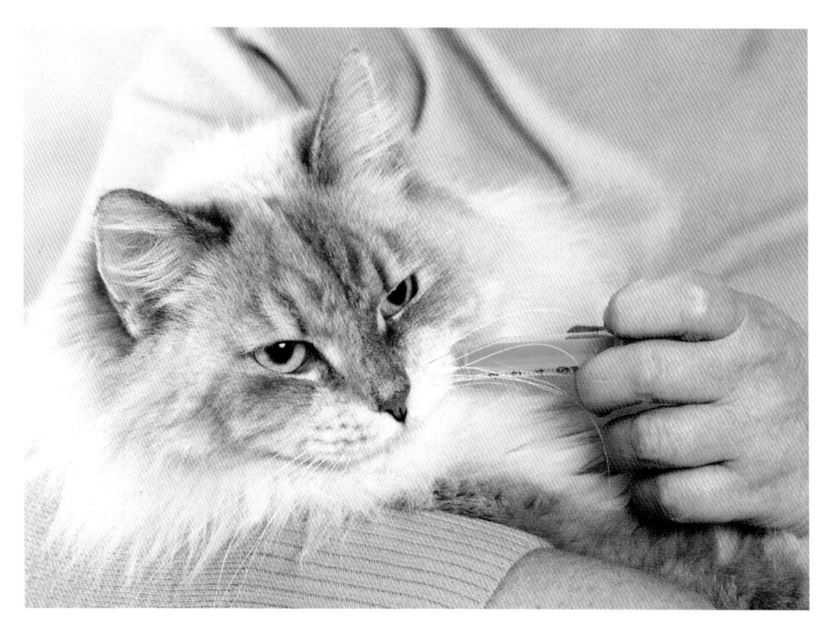

△ **便秘药物**
缓解便秘的泻药可以是膏状、凝胶状或液体状的。可以用手指或注射器喂药。

腹泻

和呕吐一样，腹泻也是猫排出有害物质的一种方式。如果出现偶尔腹泻，每小时提供少量清淡的食物和大量的水。

> **“严重或持续的腹泻是非常危险的，猫会因此脱水和变得虚弱。”**

反复腹泻可能表明有寄生虫感染（详见第 53 页）、消化问题或潜在疾病，如肾脏或肝脏疾病。如果猫腹泻严重或持续发生，应立即联系宠物医生，因为这种情况很危险，会导致猫虚弱和脱水。腹泻的常见原因之一是饮食变化太快。引入新食物需要逐渐过渡，通过逐渐增加百分比的方式将新食物与原来的食物混合，使肠道能够适应新食物。另一个常见的问题是对乳糖（牛奶中的一种糖）的不耐受。应避免人工喂奶——成猫不需要，幼猫尽量只喝母猫的奶。

便秘

健康的猫应该每天排便一次。便秘是指排便频次低，或排出坚硬、干燥的粪便。这在老年猫中很常见，尤其是那些理毛时吞下很多毛发的猫。其他原因包括脱水，脊柱或骨盆损伤，或神经紊乱。

便秘的猫可能会反复尝试但无法排出粪便。如果这个问题持续超过一天，猫可能会失去食欲，看起来虚弱且不舒服，并发生呕吐。立即带猫去宠物医院，宠物医生在做腹部检查时，会发现肠道便秘。可能会对肠道进行 X 光检查，并做血检和尿检，以确定便秘的原因。便秘如何治疗取决于发生的原因。宠物医生通常会开泻药。严重病例则可能需要进行手术或灌肠。

肠胃炎的风险

肠胃炎是胃和肠道内壁的炎症。它可能由寄生虫感染（详见第 53 页）、病原体感染（如猫泛白细胞减少症，详见第 64 页）或免疫系统反应引起。有些病例是轻微的，但严重的病例可能出现大量呕吐、干呕（猫试图呕吐，但没有呕出来）和腹泻。猫可能会严重脱水，呕吐物或腹泻物中可能会有血。如果猫患上了肠胃炎，请立即联系宠物医生。如果病情严重，请立刻前往宠物医院。

呼吸系统疾病

猫的呼吸系统从口鼻一直延伸到肺部。呼吸系统疾病有打喷嚏、流鼻涕等常见问题，也有影响到猫呼吸的严重情况。

症状

- 鼻孔流涕（单侧或双孔）：水样、白色或绿色、或带血
- 打喷嚏
- 咳嗽（带胸音的湿咳或刺耳的干咳）
- 呼吸速度加快
- 张嘴呼吸，气喘吁吁
- 大声呼吸或有喘息声
- 呼吸困难——坐姿弯曲，脖子伸直
- 厌食，体重减轻，脱水
- 无精打采

△ **流感在个体间传播**
猫流感很容易通过个体间的直接接触传播，或通过手、衣服、食盆等物品传播。

猫流感

大多数猫流感病例是由猫杯状病毒（FCV）或猫疱疹病毒（FHV）引起的。该病具有高度传染性，可以通过患病动物和无症状携带者传播。

症状包括发烧、打喷嚏、流眼泪和流涕，张口呼吸或喉咙痛导致的食欲不振，脱水和嗜睡。FCV可引发口腔溃疡和牙龈炎（详见第54页），导致流涎。FHV可引发结膜炎和角膜溃疡。

应该给猫接种FCV和FHV疫苗。如果猫确实出现了猫流感的症状，应联系宠物医院就诊。对于病毒感染，唯一的治疗方法是保持眼鼻清洁，或者通过雾化疗法来缓解呼吸症状。隔离患病猫，把猫安置好后清洗双手以避免传播疾病。

猫哮喘

在哮喘的患者中，多因吸入过敏原，如花粉、灰尘或香烟烟雾，这些物质会刺激肺部的微小呼吸道，导致发炎，产生大量黏液。猫可能持续干咳、喘息和嗜睡。猫也会患哮喘，呼吸道突然收缩。它会弓背而坐，大口喘气。牙龈和嘴唇可能变蓝。这种情况需要立即联系宠物医生进行处理。

宠物医生通过给病猫吸氧来缓解症状，用皮质类固醇来减轻炎症，用支气管扩张药来放松呼吸道。

减少过敏原的接触有助于预防哮喘发作，做好体重管理，减掉多余体重可以缓解呼吸压力。

胸膜炎

这是一种罕见但会危及生命的疾病，该病由胸腔内感染细菌（少数情况是真菌）引起，导致肺周围积聚脓液。液体压迫肺部，导致猫呼吸微弱或者呼吸困难。可能伴有发烧、牙龈和嘴唇变蓝。需要联系宠物医生进行紧急处理。

宠物医生会排出积液，一般需要几天的时间。同时，也会开一个疗程的抗生素来治疗感染。

心血管疾病

心脏将血液泵送到全身，血液再将氧气输送到全身组织。心脏、血管或红细胞出现问题可能会导致猫虚弱，甚至突然昏倒。

症状

- 呼吸困难
- 嘴唇、牙龈和舌头发蓝
- 疲乏无力，嗜睡
- 厌食，体重减轻
- 口渴加剧
- 昏厥
- 后肢疼痛且功能丧失
- 咳嗽（罕见）

心肌病

这种病会使心肌变弱。最常见的形式是心肌肥大（HCM），它会导致心脏的左心室（下室）扩大和硬化。血液可能会在心脏中凝结，而少量的血块可能滞留在动脉中。这种情况会危及生命。HCM 的病因包括遗传缺陷（详见第 46 页）、高血压（见下文）或甲状腺机能亢进（详见第 61 页）。

患有心肌病的猫可能很容易疲劳、呼吸困难、无食欲。宠物医生会用听诊器听心音，并进行 X 光片拍摄、超声波扫描和心电图检查。可能会开药来调节心跳、放松血管、排出体内多余液体。

高血压

血压升高或高血压，通常是由甲状腺机能亢进或肾病等疾病引起（详见第 67 页），常见于老年猫。高血压会损伤毛细血管，使其出血。这种情况会导致严重的问题，如视力丧失、肾脏损伤的癫痫发作。心脏工作负荷加重，所以猫很容易疲倦和气喘。种猫需要去宠物医院就诊，宠物医生会给它测量血压，给它服用抗高血压药物，并治疗潜在的病因。

贫血

发生贫血时，血液中能携带氧气到全身组织的红细胞数量急剧减少。原因包括受伤、寄生虫感染（详见第 52~53 页）、免疫系统紊乱（详见第 62~63 页）、猫传染性贫血或肾病。缺氧会导致牙龈苍白、容易疲劳、呼吸困难。血液检查可以诊断潜在的病因，从而确定治疗方法。

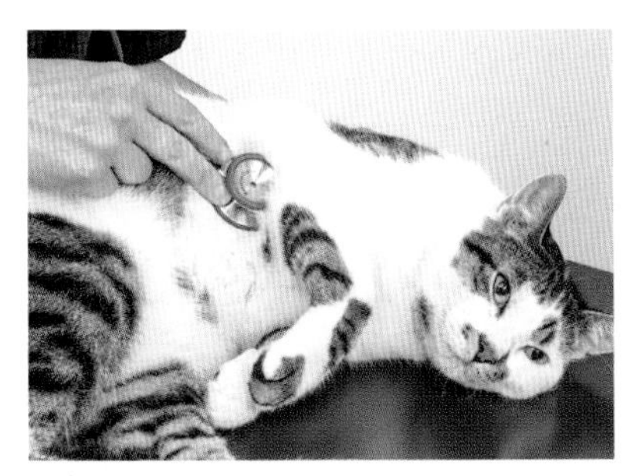

△ **宠物医生给猫进行听诊**
宠物医生使用听诊器来听猫的心跳和呼吸频率，以检查胸腔中是否有杂音。

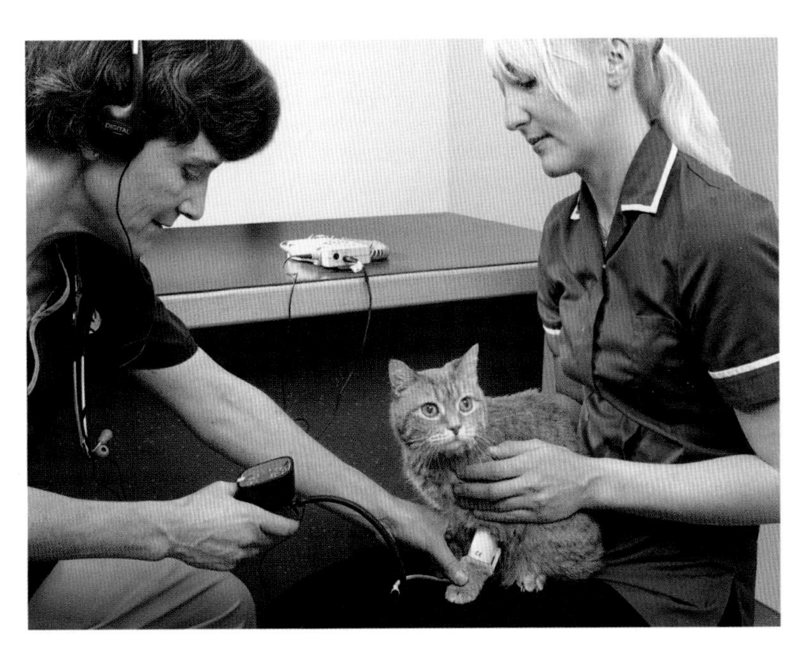

▷ **宠物医生给猫量血压**
通常只测量收缩期的血压（心肌收缩时）。读数超过 160mmHg 即表明有高血压。

神经系统疾病

神经系统由大脑、脊髓和神经组成，携带电信号调控身体机能和意识活动。受伤、遗传疾病和感染是造成神经系统疾病的一些主要原因。

症状

- 惊厥
- 方向感丧失
- 行为变化
- 头部倾斜
- 平衡能力变差

惊厥和癫痫

猫出现惊厥时，大脑的异常电信号活动可能会导致昏倒，口吐白沫以及身体和四肢抽搐。猫也可能表现出一种暴力的、无缘无故的行为变化，如愤怒地攻击。最常见的发病原因是中毒（详见第78~79页）。其他原因包括头部受伤、中风、肿瘤或感染。

无明显原因的反复惊厥被称为癫痫。癫痫发作需要立即去宠物医院就诊。宠物医生会进行血液检查，并会建议进行放射检查、脑部CT或MRI扫描。发现潜在问题也要进行治疗。如果猫被确诊有癫痫，就需要终身服用抗癫痫药物。

遗传性和先天性疾病

某些神经系统疾病具有遗传性（详见第46页）。例如，决定白色被毛和蓝色眼睛的基因也可能导致耳聋。在曼岛猫群体中，导致它们出生时无尾的基因也可能导致脊髓缺陷。其他一些神经系统疾病是先天性的（在出生的时候就表现出来）。

例如，如果一只怀孕的猫患上泛白细胞减少症（猫传染性肠炎），其幼猫出生时可能就有脑损伤，表现为颤抖且不平稳地叉开腿走路。通常会给猫接种疫苗来预防泛白细胞减少症。

△ **幼猫运动障碍**
幼猫一开始可能会站不稳，但如果在母猫子宫内就感染了泛白细胞减少症病毒，这些幼猫可能会以一种难以维持平稳且笨拙的方式移动。

前庭神经综合征

内耳的前庭器官控制平衡。该区域或者与大脑之间所连接的神经出现问题，就会导致猫在走路时跌倒、蹒跚打转或蹲伏。其他症状可能包括头部倾斜、不停地眨眼、恶心和呕吐。大多数情况下，无法找到病因，但有时候这种疾病是由耳朵感染引起的（详见第49页），或更罕见的是，继发于脑部肿瘤或者中风。宠物医生会治疗潜在的问题和症状，如恶心，但通常情况下，病情会在几天内自行恢复。

◁ **血液检查**
宠物医生会采集血液样本来检查是否存在任何可能导致癫痫发作的潜在疾病。

激素紊乱

激素是一类由腺体产生，通过血液运输到全身，控制特定功能的化学物质。激素分泌过多或不足都可能引发疾病。

症状

- 极度口渴（在异常的地方找水喝，如水坑或喝洗碗水）
- 食欲增加或减少，例如，一只以前挑食的猫现在什么都吃
- 不正常的体重增加或减轻，或者无法减轻或增加体重，这一过程可能是微妙的，需要很长一段时间后才会被发现
- 被毛变化（颜色改变、质地异常、掉毛，特别是在侧腹和尾部）

甲状腺机能亢进

甲状腺能产生控制新陈代谢的激素。甲状腺机能亢进（甲状腺激素分泌过多）导致新陈代谢加速。这种病很常见，易发于老年猫。

患病猫可能十分饥饿，但是体重依旧减轻，喝水和排尿都比平时多。其他症状包括呕吐和腹泻。触摸猫的心脏部位可感觉到心跳比正常猫快得多。被毛可能会变得暗淡和凌乱。患病猫可能会表现出不安和亢奋，在某些案例中也有嗜睡的情况。如不治疗，甲状腺机能亢进可导致高血压和心力衰竭（详见第 59 页）。

宠物医生会触诊猫的颈部来判断甲状腺是否肿大，听诊心脏是否有杂音（心音异常），测量血压，并采集血液和尿液样本进行检查。然后会开药或建议低碘饮食以减少甲状腺激素的分泌。患病猫需要终生遵循医嘱。其他可能的治疗方法有手术切除甲状腺组织或放射治疗破坏异常的甲状腺细胞。

◁ **甲状腺疾病的症状**
大多数患有甲状腺机能亢进的猫都会变得焦躁不安和亢奋，但也有一些猫会变得虚弱嗜睡，且失去食欲。

△ **超重猫**
超重和缺乏运动是增加猫患糖尿病风险的两个主要因素。

糖尿病

胰腺分泌胰岛素来控制机体细胞吸收葡萄糖。患糖尿病的猫，胰腺分泌的胰岛素太少，或者细胞对胰岛素没有反应。结果，血糖水平变得过高，而细胞无法获得足够的能量。糖尿病最常见于中老年猫，其中又以超重猫居多。

患有糖尿病的猫会变得极度饥饿，但体重仍会减轻。尿液中葡萄糖过量会导致猫比平时排尿更多，并变得非常口渴以弥补水分的损失。这种情况也可能诱发膀胱炎。长此以往，过量的血糖会刺激神经和血管，损害大脑、神经、眼睛和肾脏。

宠物医生将收集血液和尿液样本，以检测是否葡萄糖过量。糖尿病通常可以通过每天注射1~2次胰岛素来控制。宠物医生会演示如何注射胰岛素，也会推荐低碳水化合物/高蛋白饮食方案，如果猫超重，同时还会建议控制体重。

免疫系统疾病

免疫系统可以对抗感染和疾病。如果免疫力低下或免疫反应过度，如对外界物质反应过度（过敏）、把自身组织当成异物发生免疫反应，就会出现免疫系统紊乱。

症状

- 皮肤瘙痒，过度抓挠和舔舐皮肤，面部刺激，抓挠耳朵和眼睛（过敏）
- 扁平或隆起的疼痛部位，伴有毛发脱落、皮肤破裂或溃疡、口腔溃疡、过度抓挠、摩擦或舔舐患处（嗜酸性肉芽肿复合体）
- 体重减轻，食欲下降，下颚、腋窝和腹股沟皮下淋巴结肿大（淋巴瘤）
- 脓疱，皮肤鳞屑和结痂，头和耳朵、爪子基部皮肤、牙龈和嘴唇溃疡，或全身性溃疡（天疱疮）

过敏症

当免疫系统对环境中通常无害的物质（如灰尘、花粉、化学物质和某些食物）发生过度反应时，就会出现这些症状。跳蚤叮咬是最常见的过敏原因之一。所有这些物质都含有过敏原分子。猫通常在幼年的时候就会经历过敏反应，而且可能会终生过敏。

过敏症状常见于皮肤，表现为发痒和发炎。猫会过度抓挠或理毛，导致毛发脱落、疼痛或皮肤破裂（详见第50~51页）。直接接触过敏原可导致结膜炎（详见第48页）。食物过敏会导致呕吐和瘙痒。吸入过敏原可导致哮喘（详见第58页）。昆虫叮咬或蜇伤（详见第77页）会引起严重的皮肤刺激，甚至进一步发展为更严重的过敏反应。

宠物医生会进行皮肤或血液检测，以确定过敏原。常规治疗方法是去除或尽量减少环境中的过敏原，例如，消灭跳蚤或改变饮食避开引发过敏反应的食物。宠物医生也会开一些药物，如低剂量的皮质类固醇或环孢素，以控制过敏反应。在某些情况下，一个疗程的治疗可能会使猫对一种或多种过敏原脱敏，为了更好的效果，这种治疗一般会持续一段时间。

◁ **抓挠和过度理毛**
过敏原最常引起猫的皮肤刺激或炎症，导致其反复抓挠、揉眼睛或过度舔咬皮肤。

嗜酸性肉芽肿复合体

嗜酸性肉芽肿复合体指的是一系列严重的皮肤过敏反应，由白细胞嗜酸性粒细胞过度活跃引起，白细胞通常对过敏原或寄生虫做出正常反应。跳蚤、蚊子或螨虫叮咬（详见第52页）是引起这些反应的常见原因。其他原因包括食物中的某些成分或吸入过敏原。

这些反应会引起三种类型的

◁ **食欲不振**
患有淋巴瘤的猫通常食欲不振，体重减轻。也可能出现其他消化问题，如呕吐、腹泻或未消化食物的反流。

▽ **显微镜检查**
为了确定皮肤疾病，宠物医生会从患处皮肤区域刮取细胞样本，并在显微镜下检查以发现异常。

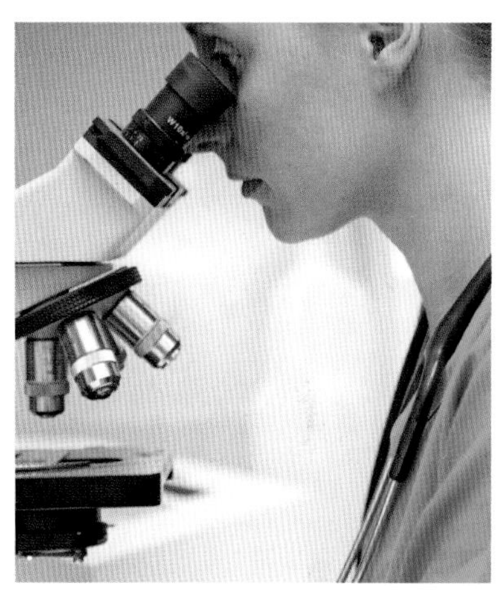

疼痛。肉芽肿是块状或脊状的溃疡，最常发生在后腿、爪子或口腔内。斑块是裸露皮肤上平坦、红色、增厚的区域，通常在腹部或大腿内侧。溃疡（或侵蚀性溃疡）通常是有凸起边缘的刺痛区域，且多发于上唇。蚊子叮咬造成的过敏可能会导致猫的鼻子、耳朵和脚掌上出现溃疡。猫在抓挠或舔伤口的时候，会导致皮肤破损，进而引发感染。

宠物医生会从溃疡中提取样本进行诊断，一般会开出皮质类固醇来减少炎症，并使用抗生素以避免任何继发性细菌感染。宠主需要防止猫再次暴露在过敏原中，例如，让猫待在室内以避免蚊子叮咬或消灭跳蚤。

淋巴瘤

淋巴瘤是猫身上最常见的一种癌症，是淋巴系统疾病。淋巴系统中存在淋巴细胞——一种白细胞，它可以对抗传染性病原体。这些细胞聚集在微小的豆状淋巴结中（也能捕获疾病病原体和癌细胞）。

淋巴瘤有三种主要形式。消化道（肠道）淋巴瘤最常见，可引起体重减轻、呕吐、腹泻和腹部淋巴结肿大。纵膈淋巴瘤发生在胸部，症状包括呼吸困难和食物反流。多中心淋巴瘤涉及全身淋巴结，颌下、腋窝和腹股沟可感觉到肿大的淋巴结。携带猫白血病病毒（FeLV）或猫免疫缺陷病毒（FIV）的猫患淋巴瘤的风险更大，因为它们的免疫系统功能已经被削弱。接种 FeLV 疫苗可降低猫患淋巴瘤的风险。宠物医生会对猫进行 FeLV 和 FIV 的检测，一般进行血液检测，并对肿大的淋巴结进行活检。治疗方法包括手术、放疗或化疗，具体取决于肿瘤的位置和大小。淋巴瘤目前是无法治愈的，但积极的治疗可以延长生命。

天疱疮

天疱疮是指猫的免疫系统攻击皮肤组织后出现的一类皮肤病。这将导致皮肤干燥和脆弱，并出现水泡和溃疡。天疱疮通常出现在头部、耳朵和脚垫上，有时也出现在牙龈和嘴唇上，伤口痒痛。宠物医生从溃疡处取皮肤样本来确诊疾病，皮质类固醇和免疫抑制剂可以减少疾病的恶化。

传染病

猫可能会从环境或其他猫那里感染传染病。这些疾病可能会很严重，特别是对于老年猫或幼猫来说，接种疫苗可以很大程度上避免感染。

猫泛白细胞减少症

猫泛白细胞减少症是由细小病毒引起的，又称猫传染性肠炎或猫瘟。它很容易在猫之间传播或从环境中感染。病毒攻击白细胞，削弱免疫系统。它会引起肠胃炎，导致发烧、饮水时疼痛、呕吐、腹泻、脱水甚至死亡。如果幼猫在出生前后被感染，它们可能会死亡或小脑发育不全，这是一种脑损伤。宠物医生通常会给猫注射疫苗预防这种疾病。

猫疱疹病毒（FHV）和猫杯状病毒（FCV）

猫杯状病毒（FCV）可导致高达 90% 的上呼吸道感染或猫流感（详见第 58 页）。受感染的猫会通过打喷嚏、咳嗽、舔东西或舔其他猫传播病毒。即使它们已经从疾病中恢复过来，仍然可以携带病毒并将其传染给其他猫。当它们患病或应激时，极有可能传播疱疹病毒。宠物医生通常会给猫接种 FHV 和 FCV 疫苗。接种疫苗虽不能完全避免感染这类疾病，但可以减轻感染后的症状。

猫属衣原体

猫属衣原体主要引起结膜炎（详见第 48 页），导致内眼睑疼痛、发炎和流泪过多。它也能引起轻微的猫流感。该病通过直接接触传播，幼猫或未接种疫苗的群养成年猫是易感群体。宠物医生会使用抗生素来治疗衣原体感

▽ **传播感染**
群居或互相密切接触的猫可能会因为相互理毛、打架或共享食物（如共用一个食盆）而感染。

染。建议群养的猫接种疫苗。

猫白血病病毒（FeLV）

猫白血病病毒（FeLV）是一种潜在的致命病毒，通过唾液、其他体液和粪便传播。怀孕或哺乳的猫会把它传给幼猫。即使一些猫能够抵抗病毒，但这些猫也可能会一直携带病毒。病毒攻击免疫系统，破坏白细胞，并可能导致淋巴瘤（详见第 63 页）或白血病。它还可能破坏正在发育的红细胞，导致贫血（详见第 59 页）。受感染的猫会在几年内死亡。宠物医生通过检测血液来识别 FeLV。有感染风险的猫建议接种疫苗。

猫免疫缺陷病毒（FIV）

猫免疫缺陷病毒（FIV）通过唾液、血液和其他体液传播，通常因为猫咬伤传播（FIV 不会传播给人类）。一旦被感染，猫将终生呈 FIV 阳性。然而，可能需要数月或数年的时间才会出现症状。FIV 攻击猫的免疫系统，使猫无法抵抗感染和癌症。症状包括体重减轻、嗜睡、发烧、口腔和牙龈发炎，以及持续或复发性感染。FIV 可通过血液检验确诊。目前还没有治愈方法，也没有推荐的疫苗，但预防持续或复发性感染可以帮助维持猫的健康。

猫传染性腹膜炎（FIP）

引起猫传染性腹膜炎（FIP）的病毒是一种常见的猫冠状病毒。猫可能在接触受感染的猫或粪便后吞食病毒而感染。

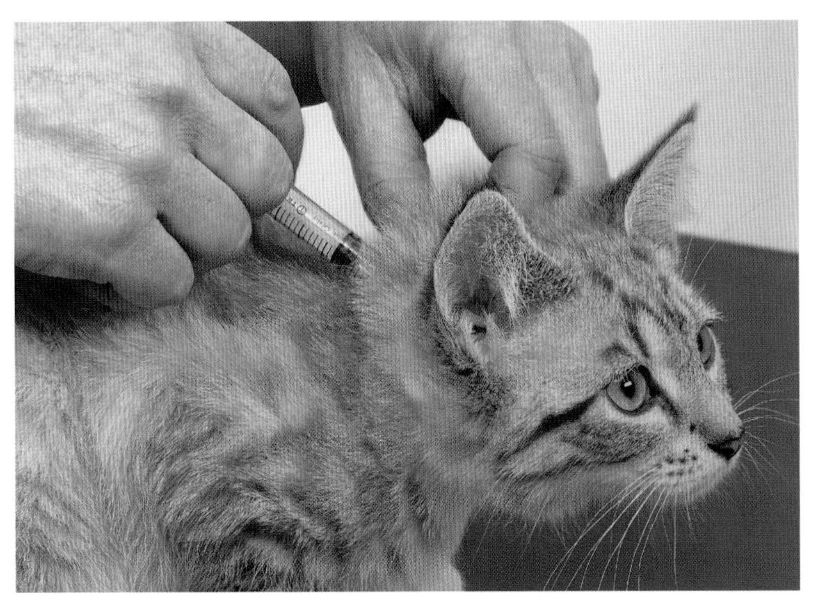

△ **给猫接种疫苗**
大多数疫苗是皮下注射，但某些疫苗可以滴眼或滴鼻。

大多数被感染的猫没有症状或只是轻微的肠胃炎。然而，在极少数情况下，病毒会变异为 FIP，特别是在非常年幼或年老的猫身上。FIP 引起发烧、体重减轻、食欲减退和黄疸。主要有两种形式。湿型（急性）会导致腹胀、心音低沉和呼吸困难。干燥型（慢性）会引起血管和机体组织的炎症，尤其是眼睛和大脑。猫传染性腹膜炎通常是致命的。

狂犬病

狂犬病病毒感染十分危险，因为它可以传播给人类。这种病毒可以通过唾液传播，通常是因为被受感染动物咬伤。感染后的症状可能要几个星期才会表现出来。包括易怒或恶性行为、面部和喉部肌肉麻痹、癫痫发作甚至死亡。接种疫苗可以预防这种疾病。猫入境前需 1 个月以上、1 年以内狂犬疫苗接种记录，并且相关的宠物医生证明必须齐全。

“接种疫苗可以保护猫免受传染病的侵袭。”

疫苗接种

一种针对传染性病原体的疫苗是为了刺激免疫系统，以便在猫实际受到感染时能够保护它。所有的猫都应该接种抗猫泛白细胞减少症、猫杯状病毒和猫疱疹病毒的疫苗。猫处在猫白血病病毒、猫属衣原体和狂犬病病毒的高风险状态时也需要接种疫苗。幼猫从 8~9 周龄（狂犬病 12 周）开始接受第一次疫苗接种，12 个月后（狂犬病除外）应接受全面加强疫苗接种。当猫被领养时，需要提供最新的疫苗接种证书。

生殖疾病

大多数猫在4个月大的时候被绝育，所以不太可能出现生殖系统紊乱。然而，“完整的”公猫和母猫会出现生殖器官问题。

症状

- 腹胀（母猫）
- 从阴户流出黏稠、带血或恶臭的分泌物
- 乳腺发炎
- 乳腺肿块
- 隐睾

成熟和交配

幼猫通常在6个月大的时候进入青春期，而雌性幼猫在4个月大的时候就会进入发情期或出现发情的迹象。随着春季日照长度的增加，母猫自然而然地开始进入繁殖季节，但家猫可能一年到头都会进入发情周期。发情周期可能每三周发生一次，但母猫不会排卵（从卵巢释放卵子），直到它们交配。然而，这意味着交配通常会导致怀孕。如果一只母猫与几只公猫交配，那么她一窝的幼猫可能有不止一个父亲。自然状态下，母猫每年能产三窝幼崽。

母猫问题

如果在交配过程中发生异常，阻止母猫排卵，母猫就会出现不孕症。这可能是由于激素失衡，或传染性病原体，如弓形虫或猫属衣原体导致的。宠物医生可能会检测血液和尿液指标，以确定原因。

应激或感染可能导致孕猫流产或将胎儿重新吸收到体内。

因分娩导致的子宫被推出体外，是非常危险的。需要宠物医生立即处理。另一个严重的问题是子宫感染，导致脓液积聚。一般发生在分娩后的几天，或者发生于发情后未怀孕的母猫。症状包括发烧、食欲不振、阴道血性分泌物或充满脓液。哺乳期的母猫可能会由于乳房充盈或感染而发展成乳腺炎。

老年母猫的卵巢上可能会出现囊肿，或卵巢、子宫、乳腺出现肿瘤。宠物医生可以通过超声波扫描和活检来确定这些问题，并通过手术去除增生。

公猫问题

公猫不育的问题相对罕见，隐性睾丸（隐睾症）可能是原因之一。雄性胎儿的睾丸在腹部发育，幼猫出生时，睾丸通常会下垂到尾巴下面的阴囊里。如果两个睾丸都滞留在猫的腹部超过6个月，那么公猫就会失去生育能力，因为猫的体温太高，导致滞留在腹部的睾丸无法产生精子。损伤、感染或睾丸癌也会降低公猫生育能力。

◁ **母猫的繁殖季节**
在繁殖季节里，母猫会通过叫声吸引附近的公猫，在地上打滚，并翘起臀部。

泌尿系统疾病

泌尿系统包括过滤血液并产生尿液的肾脏，以及储存和排出尿液的膀胱与尿道。泌尿系统的问题可能会很严重，需要立即就医。

症状

- 频繁下蹲，排尿少
- 排尿时哀嚎
- 过度扫尾
- 频繁排尿
- 尿液颜色由正常的淡黄色变成其他颜色
- 排出浑浊的尿液而不是清澈的尿液
- 在猫砂盆外或异常地方排尿
- 口渴

◁ **舔尾巴的猫**
尿道疼痛，或尿液刺激，可能会导致猫过度舔舐生殖器区域。这可能会导致炎症和掉毛。

△ **泌尿系统疾病和压力**
身体或情绪上的压力可能会加重膀胱内的肌肉活动或降低猫对感染的抵抗力。

猫下泌尿道疾病（FLUTD）

猫下泌尿道疾病（FLUTD）是膀胱和尿道疾病的总称。原因可能包括应激、膀胱结石或结晶、细菌感染导致膀胱炎、肌肉无力或痉挛、尿道阻塞和解剖异常。原因不明的膀胱炎称为猫特发性膀胱炎。猫下泌尿道疾病的病例大部分是特发性的。

超重和不爱运动的中年或老年猫更容易患下泌尿道疾病。喂干粮的猫，没有摄入足够的水，也可能会患上这种疾病。症状包括经常尝试排尿，但排尿失败，排尿时疼痛，尿液深色（血）或混浊，过度舔舐生殖器。

如果猫排尿时有明显挣扎或疼痛的迹象，要及时联系宠物医生。不能排尿会导致肾衰竭。宠物医生将进行尿液测试，使用X光和超声波扫描来确定可能的原因。治疗方法包括：使用猫信息素来减轻压力，通过手术来去除尿道阻塞，使用抗生素治疗细菌感染，或者通过饮食来溶解结石和结晶。

慢性肾脏疾病（CKD）

慢性肾脏疾病（CKD）是老年猫最常见的疾病。肾脏过滤废物的效率逐渐降低，导致毒素在体内积聚。其他原因包括遗传疾病（见第46页的“多囊肾病”）、感染、肿瘤、药物。症状包括排尿增多、口渴、呕吐和体重减轻。猫也可能变得虚弱、毛色暗淡、口臭。临床一般通过药物和饮食来维持肾功能。宠物医生可以提供筛查服务，以检测老年猫是否存在CKD的早期迹象。

疾病护理

如果猫生病了，咨询宠物医生并遵循有关护理和家庭治疗的说明。还可以做一些简单的事情来让猫在康复期间感到舒适。

护理区准备

需要把生病或受伤的猫放在室内，以便监视它的情况。把猫关在温暖、安静的房间里，或放在笼子里。提供食物和水，并在远离食物的地方放置一个猫砂盆。在地板上铺一个温暖的窝，方便猫休息；可以使用纸板箱，这样如果弄脏了可以轻松更换。剪掉纸板箱一侧，在底部铺上报纸或一次性垫子，再放上舒适的毯子并注意保温。

照顾生病的猫

生病或受伤的猫可能会躲起来，尽量避免吃药或其他治疗给猫带来的额外应激。这时候，更需要温柔、有条理地照顾生病的猫，要对猫康复充满信心——宠主的任何焦虑都会让猫感到紧张，并增加不合作的可能性。花时间和猫轻声交谈并抚摸它（如果它愿意接受的话），猫可能会感到安慰，这样它就不会只把宠主和治疗联系在一起。

生病时的家庭护理

生病或嗅觉受损时，猫可能会对食物失去兴趣（如猫流感，详见第 58 页）。如果猫已经超过一天没有进食，尤其是超重的猫，请致电宠物医生，因为缺乏食物可能会损害肝脏。让食物达到室温，或者在烤箱里稍微加热，以增加它的气味，使食物更加可口。此外，可以给食欲不佳的猫提供一小块气味浓烈、美味的食物。如果猫难以正常进食，可能需要用手喂它。

如果猫呕吐或腹泻，每小时提供一茶匙清淡的食物，例如，水煮鸡胸肉或适当的处方饮食。一旦胃部不适即停止，逐渐加量并持续这种饮食 3~4 天，然后再恢复到正常饮食。随时提供干净的饮用水（煮沸的冷却水）。如果胃部疾病持续存在，请致电宠物医生。

猫可能需要洗护帮助，尤其要清洁眼睛的分泌物。保持鼻子和嘴巴清洁，以帮助猫正常呼吸和嗅闻食物。如果猫腹泻，帮助猫清洁尾巴下方。在清洁时，要用干净的温水打湿棉球。对于发

△ **安全空间**
笼子应该足够大，可以让猫四处走动。铺上报纸，然后放入食盆、水碗、窝和猫砂盆。

▷ **待在室内**
为了猫的安全，需要将猫留在室内——在一个封闭的区域内，以便照顾生病的猫。

给猫喂药

第一步
宠物医生助理抱着猫，把手放在头顶上。尽量不要把胡须弄弯。

第二步
用食指和拇指抓住下巴，轻轻地将头向后倾斜。用另一只手打开嘴。

第三步
把药片放在猫舌头后面。合上猫的嘴，抚摸它的喉咙，让它吞下去。

痒的皮肤或轻微伤口，用盐水清洗该区域——将一茶匙（约4.5克）盐溶解在500毫升温水中。如果猫反抗，用毛巾把它包起来，让伤口部分暴露在外。

手术后

猫接受过全身麻醉后可能会昏昏沉沉一段时间。待在猫的身边，直到它完全醒来。让它待在室内，直到手术伤口愈合并拆除绷带或缝线。宠物医生一般会给猫戴上伊丽莎白项圈，以防止猫舔舐伤口，有时候需要取下项圈，以确保猫能够顺利吃上东西。对于四肢上的小伤口，宠物医生可能会用浸有猫不喜欢味道的“防舔”条覆盖该区域。宠主应该每天检查几次绷带或石膏，以确保其清洁干燥。如果猫看起来很痛苦（躲起来、拒绝检查或不愿吃东西）、伤口看起来很痛或有分泌物，请联系宠物医生。

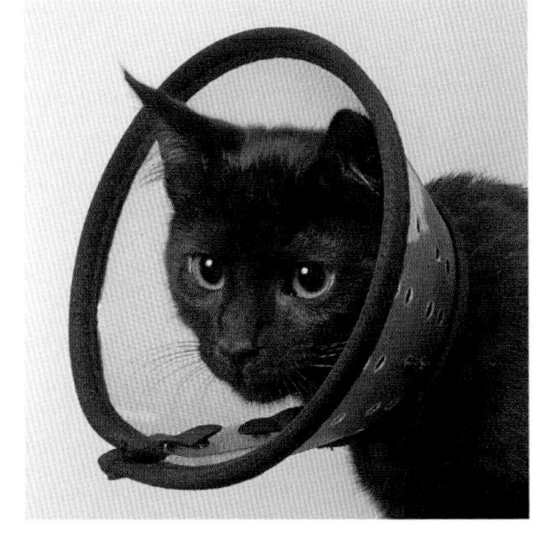

◁ **伊丽莎白项圈**
柔软或刚性的锥形项圈，有时称为伊丽莎白项圈，用于阻止猫舔伤口或手术切口部位。

服药

必须按照宠物医生的医嘱服药并完成整个疗程，尤其是抗生素的使用。请宠物医生演示如何给猫滴眼药或滴耳液或用注射器给猫注射。给药应由成人操作。用手给药片（见上文）以确保猫吞下并且其他宠物不会服用这些药。将药片压碎成小块与美味食物混匀，或将小块的食物包裹住药片，可能会便于喂药（如果必须空腹服用药片，请勿这样做）。

替代疗法

许多宠主选择使用替代疗法来维持猫的健康或治疗某些疾病，如过敏和关节痛。一些疗法涉及植物性或其他自然疗法，如草药和传统中药。其他自然疗法涉及触摸和操作，如TTouch、脊椎按摩疗法和指压按摩。替代疗法还包括针灸和磁疗，以刺激猫的自然愈合机制。其中一些疗法甚至可能包含在宠物的保险中。如果确实想尝试替代疗法，请向宠物医生咨询。所有从业者都应在宠物医生管理机构注册，例如，英国皇家宠物医生学院（RCVS）。

老年猫护理

得益于食品和医疗保健行业的改善，猫现在一般能活到12岁以上。虽然年老的猫可能会出现与年龄有关的疾病，但只要稍加照顾，猫仍然可以过上舒适、快乐的生活。

家庭护理

随着猫年龄的增长，宠主需要适应猫的饮食和生活习惯的改变（详见第 28~29 页）。基于猫新陈代谢和消化能力的变化，宠物医生会推荐一种“老年”饮食，这类饮食可以为猫提供更合适的营养。猫可能更喜欢在白天少量多次地进食。如果猫对食物不感兴趣，可以尝试经过加热或适口性更好的食物。每两周称一次猫的体重是必要的，年老的猫可能会因不活动而体重增加，或因进食困难或甲状腺机能亢进等疾病而体重减轻（详见第 61 页）。

随着年纪增长，猫不容易梳理全身的毛发，宠主需要每周帮助猫梳理几次毛发，定期修剪猫的指甲，因为如果猫不是很活跃，它们的指甲会随着年龄的增长而变得更加坚硬，并且长得很长。当猫行动变得不那么敏捷，将它的食盆和水碗以及猫砂盆放在平地上，以确保它的正常生活。使用盒子或家具作为“垫脚石”，帮助猫去它最喜欢的门廊或窗台。在猫喜欢睡觉的地方，放置几个温暖、舒适的窝。如果猫经常弄脏猫窝，可以使用可水洗的垫子或者一次性垫子或纸板箱。即使猫喜欢在户外排便，在家中放置猫砂盆也是明智之举。猫可能会变得不那么热衷于户外活动，要么是为了避开其他猫，要么是因为它不再有探索的热情。即使是一只老年猫，也仍然喜欢玩乐。玩耍有助于保持老年猫的头脑活跃及天性的表达。相比之前，玩

“如果发现猫的正常活动有任何变化，及时告知宠物医生。”

◁ **使用楼梯**
患有关节炎或关节僵硬的猫可能会很难爬楼梯，因此在每一层楼都应备有食物、水、猫窝和猫砂盆。

△ **舒适的窝**
如果老年猫有喜欢的休息场所，如火炉前，可以在那儿放置毯子、垫子或柔软的猫窝，确保它可以更舒适地休息。

◁ **室外休息**
不太活跃的猫在晴朗的日子里可能喜欢在室外休息。宠主可以陪着它，确保它不受入侵者打扰，这会让它更舒适。

要时宠主需要更加地温柔。

老年猫诊疗

随着猫逐渐变老，它需要更频繁的健康检查。许多宠物医院为老年猫提供诊疗服务，以检测和处理与年龄相关的健康问题。宠物医生会给出相关建议，包括猫的理想体重、饮食注意和营养补充剂等。如果注意到猫的正常活动有任何变化，及时告知宠物医生，因为这些变化可能预示着猫存在健康问题。宠物医生可能会进行基本检测，如尿液和血液测试，以确定是否存在肾脏疾病等问题。现在有许多治疗方法可以帮助控制慢性病——甚至是衰老。同时宠物医生或职业护士也可以帮助完成剪指甲等任务。

◁ **异常的饮水习惯**
让宠物医生知道猫是否比平时喝更多的水，包括从池塘、水龙头或浴缸等地方喝水。

警告信号

老年猫需要被密切关注，及时发现其正常习惯的任何变化。特别是发现以下变化，应该让宠物医生知道。注意食欲的增加，如果猫看起来非常饥饿，但即使有规律地进餐体重也会减轻。相反，如果猫明显饿了，但转身远离某些食物（尤其是硬食物），或者用爪子抓挠嘴巴，那么它的牙齿或吞咽能力可能有问题。口渴的增加可能会导致猫比平时更多地使用猫砂盆，并开始从水坑或浴缸等异常地方饮水。老年猫也可能会脱水。可以通过抓住颈背并松开来检查，皮肤应立即回弹。如果没有，猫可能没有摄入足够的水。如果猫在排便或排尿时紧张或呻吟，或者它开始在家中乱尿，请向宠物医生寻求帮助。关节僵硬或关节炎会导致猫奔跑或跳跃困难，并且猫可能无法梳理背部和臀部的毛发。随着年龄的增长，猫可能会失去视力，导致它撞到东西或误判高度。一只病得很重或出现痴呆迹象的猫可能会变得比平时更孤僻、更具攻击性、叫得更频繁或者躲藏起来。

安乐死

对于一只很老或生病的猫来说，有时最好的做法是给它一个有尊严、平静的结局。安乐死通常在宠物医院进行，也可以在家中进行（需要提前预订）。宠物医生会给猫前腿静脉注射过量的麻醉剂。猫在死前会失去知觉。可能会有不自主的运动，膀胱或肠道可能会排空。宠主可以要求将猫火化，或将猫的尸体带回家。宠主可能希望将猫埋在自己的花园里、猫生前最喜欢的户外或宠物墓地。

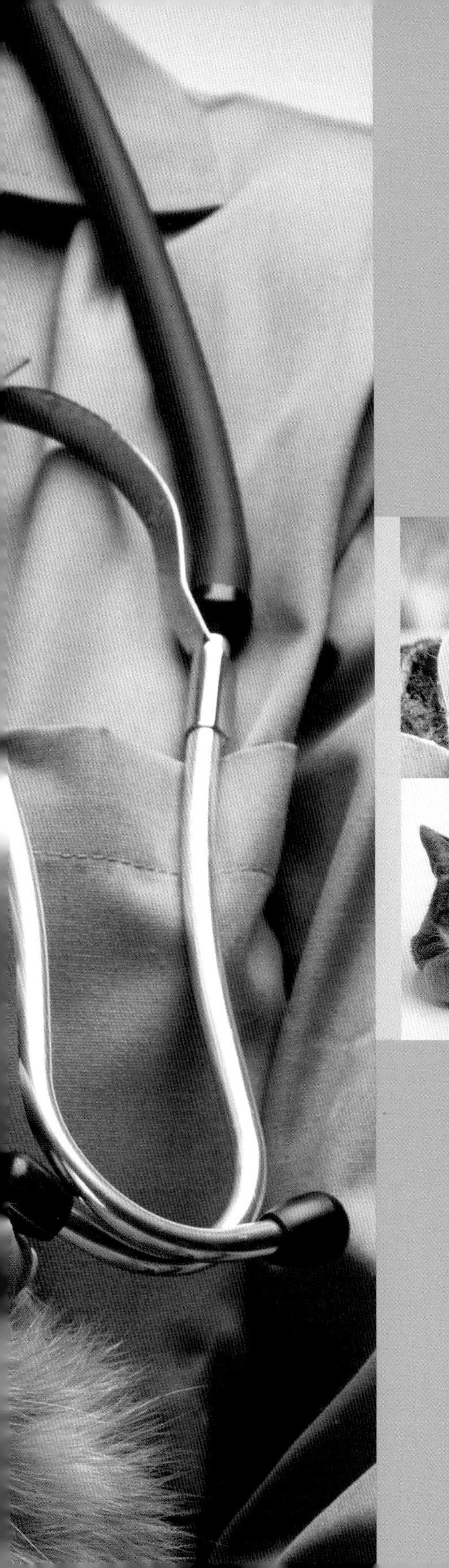

4

突发事件

基本急救措施

对于受伤的猫，基本的急救会挽救它的生命。时刻做好应对猫的突发情况，在到达宠物医院之前，遵循下文的指导，以确保猫的安全。

正常生命体征

温度	38~39°C (100.5~102.5°F)
脉搏	110~180 次/分
呼吸	20~30 次/分
毛细血管再充盈时间*	<2 秒

*用手指轻轻按压牙龈变白后恢复粉色的时间

紧急信号

确保能够及时找到宠物医生和医院急救电话号码。如果猫有以下任何表现，请立即致电。

- 失去知觉
- 癫痫发作
- 呼吸急促、喘气或呼吸困难
- 脉搏快或弱
- 体温高或低——通过触摸耳朵或脚垫可以感知
- 牙龈苍白
- 跛行、行走困难或瘫痪
- 站立困难或突然倒下
- 重伤

▽ **告知宠物医生**
如果猫受了重伤或突发严重疾病，请立即致电宠物医院，以便猫到达时工作人员已做好诊疗准备。

处理受伤的猫

检查猫是否有骨折、开放性伤口或流血，但尽量不要移动它。小心——即使是最温顺的宠物，在剧烈疼痛时也可能会攻击人。

如果猫有骨折或严重伤口，将它放在毯子上，确保伤口在最上面，然后轻轻地包裹伤口。不要自己尝试用夹板固定骨折处。

如果猫有出血（严重出血），可以的话，将出血区域抬高到猫的心脏水平以上，并用一块布直接按压住，以阻止血液流动。

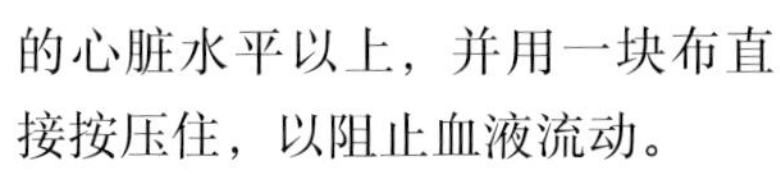

小心地抬起猫，一只手放在它肩膀下，另一只手放在它臀下托着臀部，然后把猫放入猫包中。

失去知觉

如果猫躺着不动，首先检查它是否还有知觉。可触摸眼角，看看是否眨眼；轻弹耳尖，看看耳朵是否抽动；或者捏一下趾间皮肤，看看是否缩脚。如果猫失去知觉，检查“ABC”——呼吸道、呼吸和血液循环。

- 呼吸道——掰开嘴，把舌头向前拉。用小指头轻轻按压舌头后部，以检查是否有东西堵住喉咙。
- 呼吸——观察胸部是否有起伏，感受鼻孔处是否有呼吸。
- 血液循环——感受胸部的心跳，感受后腿内侧靠近根部的脉搏。

> “……检查‘ABC’——**呼吸道、呼吸**和**血液循环。**”

急救箱

为猫准备的急救箱可以让宠主自行处理一些猫的轻伤，或者在紧急情况下提供急救保障，直到找到宠物医生。一些宠物店有出售宠物的急救工具包，或者可以参考提示自行准备。急救工具包应始终保持易于取用。

黏性绷带

一次性手套

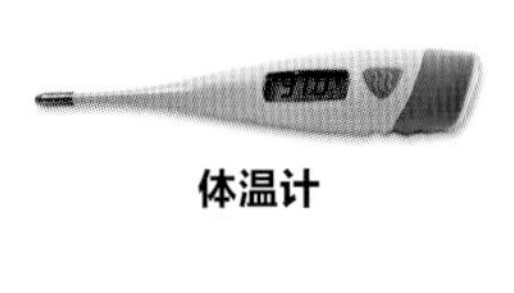
体温计

镊子

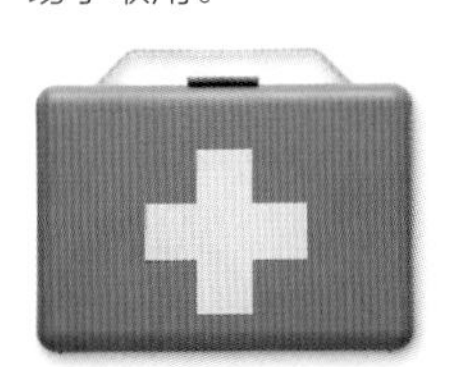
急救箱

生理盐水

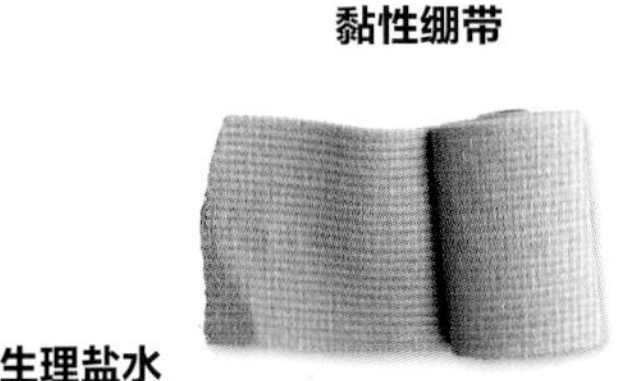
医用弹力自粘绷带

棉球

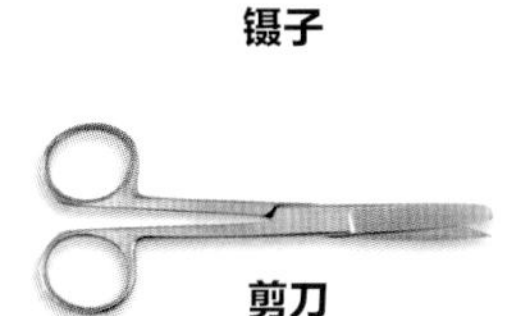
剪刀

如果猫没有呼吸或脉搏，用一只手按压它前肢下方的胸部，每秒按压两次，进行心肺复苏。每按压10次，做一次“呼吸”——用双手按压它的胸部，或者用双手捧住它的脸，然后朝鼻子里吹气。持续10分钟或直到猫开始呼吸。

休克

休克是一种危及生命的血液循环障碍，由严重受伤或严重内出血、中毒或严重过敏反应引起。休克的猫会表现出低体温，呼吸和脉搏微弱而急促，牙龈苍白。对于休克猫的急救，首先要将猫裹在温暖的毯子中，以维持它的体温，但不要裹得太紧。如果猫表现出呼吸困难，让它侧卧，头向下倾斜。监测“ABC”。

△ **中暑的风险**
温室或有大窗户的房间在阳光直射下会变得非常热。猫如果被困在这样的房间中，会有中暑的风险。

体温过低

如果猫长时间待在寒冷的户外或掉进冰水中，会出现体温过低。对于体温过低猫的急救，首先要把猫带到温暖的环境，用温暖干燥的毯子把它裹起来——可以提前用加热烘干设备（如滚筒式烘干机）把毯子预热。然后立即送往宠物医院进行检测。

中暑

如果猫被关在没有水的房间或车里，很容易在大热天中暑。它可能会大口喘气，表现得非常痛苦，牙龈发红。这种情况需要立即进行处理；中暑可能会迅速发展为昏厥、昏迷甚至死亡。在紧急处理过程中，首先要降低猫的体温，将它放在开着风扇的凉爽环境中，或将凉爽的湿毛巾放在它身上，尤其是腋窝和腹股沟周围，以帮助其散热。

溺水

如果猫溺水，将它抱到安全的地方并用毛巾擦干身体。如果它躺着不动，抓住它的后腿，让身体自然垂下来，然后上下摇晃，以清除肺部的积水。如果猫没了呼吸，尝试给它做心肺复苏。

道路交通事故

意外交通事故是造成猫伤亡的主要原因。确保猫在交通高峰时段和晚上待在家里是降低意外风险的有效措施。可给猫进行绝育。绝育后，它的发情行为相对减少，外出迷路和陷入危险的概率降低。遗憾的是，大多数遭遇交通事故的猫都没能活下来。如果道路上发现猫的尸体，首先检查它是否有项圈，然后把它带到当地的宠物医院扫描微型芯片以联系它的主人。如果猫还活着，尽量不要移动它，除非其他车辆可能撞到它，这时可以移到安全地方以免导致二次伤害。

创伤和烧伤

许多皮肤创伤可以在家治疗，如果出现并发症，就需要联系宠物医生进行治疗。烧伤是紧急情况，需要立即接受更专业的治疗。

小伤

小的割伤和擦伤可以在家中治疗。寻找流血、潮湿的毛发、结痂处或猫频繁舔舐的某个部位，使用蘸有生理盐水的棉球轻轻擦去血迹和污垢——将一茶匙盐（约 4.5 克）加入 500 毫升干净温水中搅拌均匀。用钝头剪刀剪掉伤口周围的毛发。

小的皮肤创伤有时会伴有内部损伤。检查伤口周围是否发热、肿胀或有皮肤变色，并注意是否有疼痛或休克的症状（详见第 75 页）。小伤口也可能引发感染，因此要检查是否存在会引起感染的症状，例如，肿胀和脓液。

重伤

伤口大出血需要立即去宠物医院就诊，被其他动物咬伤和抓伤也是如此（因为这些伤口可能会被感染）。眼睛受伤也需要紧急护理。

出发前先给宠物医院打电话。然后用浸过干净冷水的纱布或干净布块按压伤口进行止血。如果两分钟后出血仍未停止，就用干净干燥的衬垫（或布）覆盖伤口并用绷带包扎此处。对于眼部的伤口，先用纱布盖住眼睛，再用胶布固定。对于大量出血或严重伤口，请进行急救（详见第 74~75 页）。

烧伤

猫可能会被火灾、高温表面、滚烫的液体、电器或化学物质烧伤。这些伤害会对深层组织造成损坏，情况通常很严重，需要宠物医生进行紧急处理。

对于烧伤或烫伤，在不危及自身的情况下，把猫从热源处移开。用干净的冷水浸泡受伤部位至少 10 分钟，然后用湿的无菌敷料覆盖它。在带猫去宠物医院的路上，要给猫保暖。

如果猫触电了（如咬断了电源线），请先关掉电源，或者用一个木制扫帚柄把电源从猫身上移开，进行急救（详见第 74~75 页），并立即带猫去宠物医院。

对于化学试剂灼伤，请立即打电话给宠物医生，并说明是由哪种化学物质造成的。如果宠物医生建议冲洗，请戴上橡胶手套以避免伤手，用清水仔细冲洗该区域。

◁ **保护性包扎**
可以用绷带包扎伤口。绷带不要裹得太紧，确保绷带周围的皮肤温度正常，直到宠物医生来处理。

蜇伤和咬伤

猫天生充满好奇心，但有时对其他生物的好奇会给它们带来麻烦。如果猫被昆虫蜇伤或被毒蛇咬伤，治疗方案往往取决于叮咬它的生物。

蜜蜂或黄蜂蜇伤

如果猫被蜇伤，首先让猫远离有蜜蜂或黄蜂的地方，以避免进一步蜇伤。然后打电话给宠物医生寻求建议，如果猫出现呼吸困难或站立不稳，请带它去宠物医院。如果猫进入休克（详见第 75 页），请立刻带它去宠物医院。

如猫还能正常活动，可尝试尽快用镊子拔掉蜂刺。抓住它与猫皮肤接触的地方，注意不要抓住蜜蜂刺顶部的小囊，否则可能会挤出更多的毒液。对于蜜蜂蜇伤，可将小苏打溶于温水中清洗该区域。对于黄蜂蜇伤，用水稀释醋再清洗蜇伤处。使用冰袋冷敷以减轻症状。

蚊虫叮咬

大多数猫只会受到小昆虫的轻微叮咬，如蚊虫。但也有一些猫可能会对蚊子产生严重的过敏反应（详见第 62~63 页）。如果猫对蚊子叮咬过敏，早晚最好让猫待在室内，以避免接触这些飞虫。

有毒动物

猫会被其他猫咬伤（详见第 50~51 页），但有毒动物的咬伤，情况可能更严重。如蛇、蟾蜍、蝎子和蜘蛛，它们的危险性因地而异。在英国，蝰蛇是唯一的本地毒蛇（尽管外来的圈养蛇也很危险）。

毒蛇咬伤猫的情况很少见，但会导致咬伤部位严重肿胀、猫出现恶心、呕吐和头晕等症状，猫会舔该区域，能够在咬伤的位置看到两个穿刺伤口。

有些蟾蜍的皮肤会分泌毒素，这会导致猫的口腔发炎，甚至干呕。

如果猫受到任何有毒动物的影响，请立即致电宠物医生，说明是由哪种动物造成的（如果可以，请拍照），以便宠物医生选用正确的抗毒血清。并尽快带猫去宠物医院。

△ 好奇地狩猎
猫经常喜欢在玩耍时捕猎昆虫、蛇和其他小动物，但猎物分泌的毒液或中毒的猎物都会引起疼痛，有时还会造成严重的健康问题。

窒息和中毒

猫通过嗅探、品尝、猛扑和咀嚼来探索它们的世界。尽管它们有辨别能力，但好奇心往往驱使它们吞下危险物品或有毒物质。

窒息

猫会被各种物体噎住而窒息。如鸟骨头，可能会卡在咽部；如鹅卵石，可能会阻塞喉咙（呼吸道）。金属丝、丝带、细绳或线等物品可能会缠在舌头上，如果被吞下，会导致肠道出现问题。

窒息的猫会咳嗽、流口水、作呕，并疯狂地用爪子抓嘴。如果呼吸道阻塞，猫会出现呼吸困难并可能失去知觉。

出现以上情况，立刻打电话给宠物医院，并把猫带去就诊。首先，用毛巾把猫裹起来。一只手握住它的头顶，另一只手打开它的下颚。看看嘴里面，如果异物很容易脱落，请尝试用镊子快速将其取出。

如果有异物阻塞呼吸道，请使用海姆利克（Heimlich）急救法。将猫侧卧，头低于身体。将一只手放在它背部，另一只手放在它肋骨下方的腹部，朝肋骨方向用力向上猛推 4 下。再次检查口腔，并用一根手指清除所有碎屑。如果猫已经停止呼吸，请进行人工呼吸（详见第 75 页）。

中毒

猫会因为吃了猎物、有毒植物、家用化学品、药物甚至某些人类食物而中毒。如果怀疑猫中毒了，即使它没有任何症状，也请联系宠物医生。如果发现任何中毒症状，立刻带猫去宠物医院，并带上它吞下的东西样本。如果猫的毛发或爪子上有有毒物质，用毛巾把猫裹起来，确保它不会舔到这些有毒物质。

危险的化学品

一些常见的化学品对猫来说可能是致命的。尽量将它们放在猫够不到的地方（详见第 16~17 页）。

- 防冻剂（乙二醇）——确保汽车防冻剂没有泄漏，并确保安全存放所有容器。对于猫来说，即使是很小的剂量也会导致肾脏损伤、行走不稳、癫痫发作、昏迷或死亡。
- 家用清洁剂——漂白剂、洗涤剂、织物柔软剂和类似的化学品会刺激猫的口腔并灼伤其喉咙。
- 油漆和溶剂——猫在舔油漆时会吞下油漆，或者吸入油漆和溶剂产生的危险气体。切勿让猫靠近未干的油漆或打开的油漆罐。在使用油漆和溶剂期间以及之后，确保房间保持通风。

有毒植物

对猫而言，许多室内外植物可能都是有毒的，无论是把植物吃下去还是猫蹭过植物后再舔自己都会中毒。下面给出了一些常见的例子，可以向宠物医生索取更完整的清单。

- 朱蕉（常见的园林植物）和龙

家里的杂物
猫在家里和户外都有可能吞下异物。不要把带刺或尖针的植物、小玩具或绳子等物品放在猫能够到的地方。

▽ **室外危险**

有些猫很想啃室内或花园里的植物。为了将风险降到最低，请确保移走或清除所有可能有毒的植物。

▷ **油漆危害**

猫如果路过油漆罐或在油漆罐上蹭来蹭去，很容易把未干的油漆弄到自己身上，或者出于好奇，直接把头伸进打开的油漆罐中，也会沾上油漆。

血树（室内植物）——接触这两种植物都会导致猫的肝脏或肾脏受损。

- 百合——所有部分（包括花粉）对猫都有毒，会损害肾脏。
- 吊兰——虽然没有剧毒，但其苦味会导致猫流涎、呕吐和嗜睡。

药物和食物

除了药物，一些人类食物对猫也是有害的。

- 人用药有一个明显的危害。对乙酰氨基酚（扑热息痛）对猫来说尤其危险——即使是一片剂量，也足以致命。
- 犬用药可能对猫有毒。另外，不要把开给一只猫的药给另一只猫吃——这样做对另一只猫可能是有害的。
- 体外驱虫的滴剂，如果被猫误吞是有毒的。因此，应将滴剂涂在猫的颈背部，这块区域猫理毛时是无法舔到的。
- 对猫危险的人类食物，包括含酒精或咖啡因的饮料、巧克力、大蒜、葡萄和葡萄干以及洋葱。在准备这些食物时，不要让猫吃到，也不要让它在桌子或工作台上走动。

“如果猫的毛发或爪子上**有有毒物质，用毛巾把**猫**裹起来，**确保**它不会舔到这些**有毒物质。”

害虫的诱饵

鼠药和蛞蝓诱饵，是用来杀死害虫的，但对猫也是致命的。猫误食这些诱饵，毒素会攻击猫的神经系统，导致其肌肉震颤、行走不稳、突然昏倒和癫痫发作。一些大鼠或小鼠的毒药也会导致猫的内出血。猫直接吃下毒药或者吃了中毒的猎物是十分危险的。如果猫吞下了害虫诱饵，请立刻致电宠物医生，同时把猫连同一包诱饵（或任何猎物的残骸）一起带到宠物医院。宠物医生会通过催吐来帮助猫排出毒物，如果有必要的话，也会使用解毒药。千万不要自己尝试让猫吐出毒物。

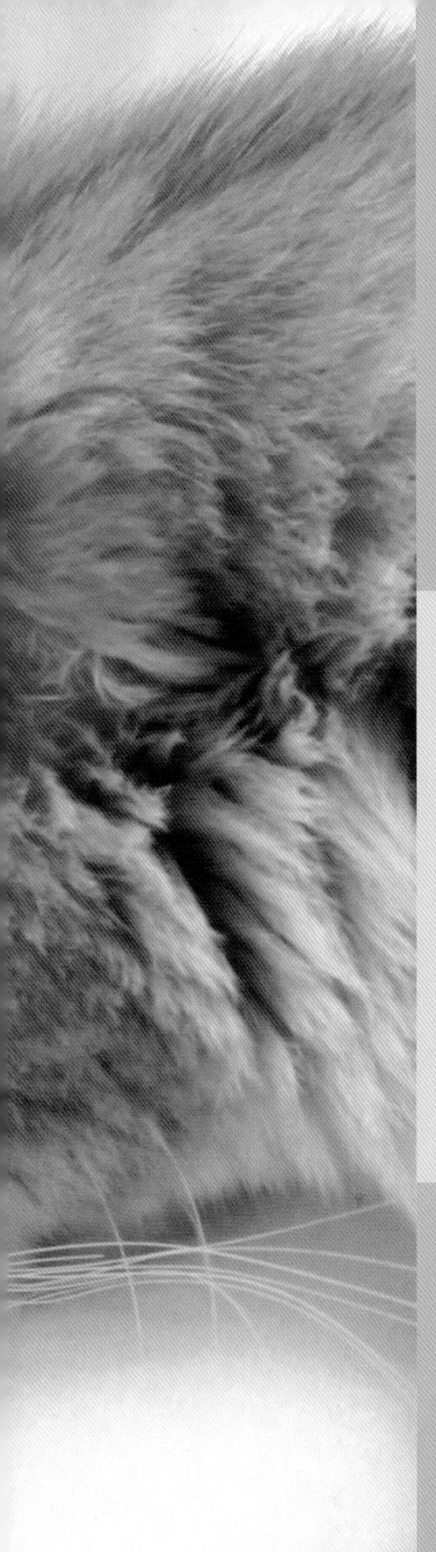

5

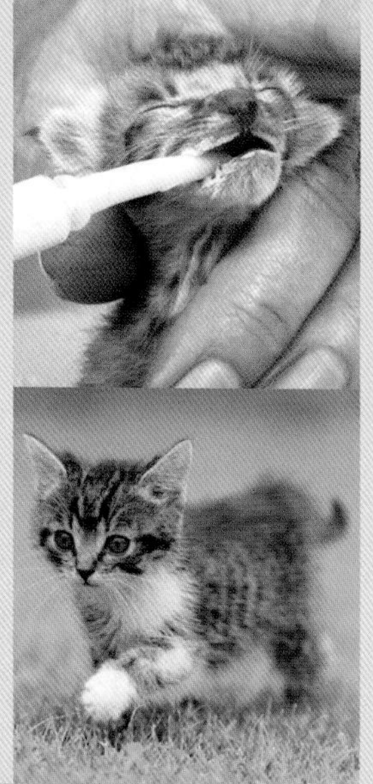

繁育

繁育与妊娠

母猫身边围着一群可爱的幼猫，这样的场景的确很吸引人，但是选择让猫繁育还需谨慎。宠主不仅要给母猫提供额外的照料，还必须计划好幼猫的未来。

繁育计划

考虑到许多幼猫因不受欢迎而被送到救助站或被处死，确保能够给出生后的幼猫找到家，否则不建议让猫进行繁育。虽然市场会对流行品种的幼猫有需求，但不应该被利益驱使而繁育（而且繁育所涉及的费用可能相当大）。如果决定让纯种猫生下一窝幼猫，繁育开始前需要做一些研究，并且找到一个责任心良好的繁育人和合适的种猫。

交配

尽管未绝育的猫在体成熟前就会有性行为，但一般建议在猫12个月左右，即体成熟之后进行有计划的繁育。

未绝育的雌猫被称为“繁育母猫”，发情主要在春季和夏季，以14~21天为一个发情周期，每个周期持续3~4天。当母猫准备好交配或“发情”时，她会表现出明显的迹象，包括不断地嚎叫，趴下时抬起臀部，在地板上翻滚或磨蹭。母猫尿液的气味也会吸引该地区的公猫。

这时把母猫带到繁育猫舍，将母猫和挑选好的种公猫放在一起。当两只猫互相示好时，会开始接触彼此。交配会发生几次，通常的做法是让这对猫在一起至少一两天。将繁育母猫接回家后，确保母猫在屋内数日，因为这个时间段她可能还在发情，依旧会吸引外面的非纯种公猫。

妊娠迹象

猫的平均妊娠时间为63~68天。

交配成功的第一个迹象是猫的乳头轻微变红，大约在怀孕的第三周出现。在接下来的几周里，母猫的体重会逐渐增加，她的体型也会随着腹部的膨胀而变化。大约在第五周后，在宠物医院的妊娠检查中可以很容易地看到她所怀的幼猫。千万不要试图自己进行任何形式的检查。不熟练的操作可能会对母猫和她体内发育中的幼猫造成伤害。

▽ 怀孕
怀孕的母猫会随着体重的增加而变得不那么敏捷，但如果身体健康，她仍然会保持日常活动。

△ 合适的伴侣
为猫选择纯种伴侣时，要了解这只种猫的健康情况和血统。并且它的主人应该能回答出任何疑问。

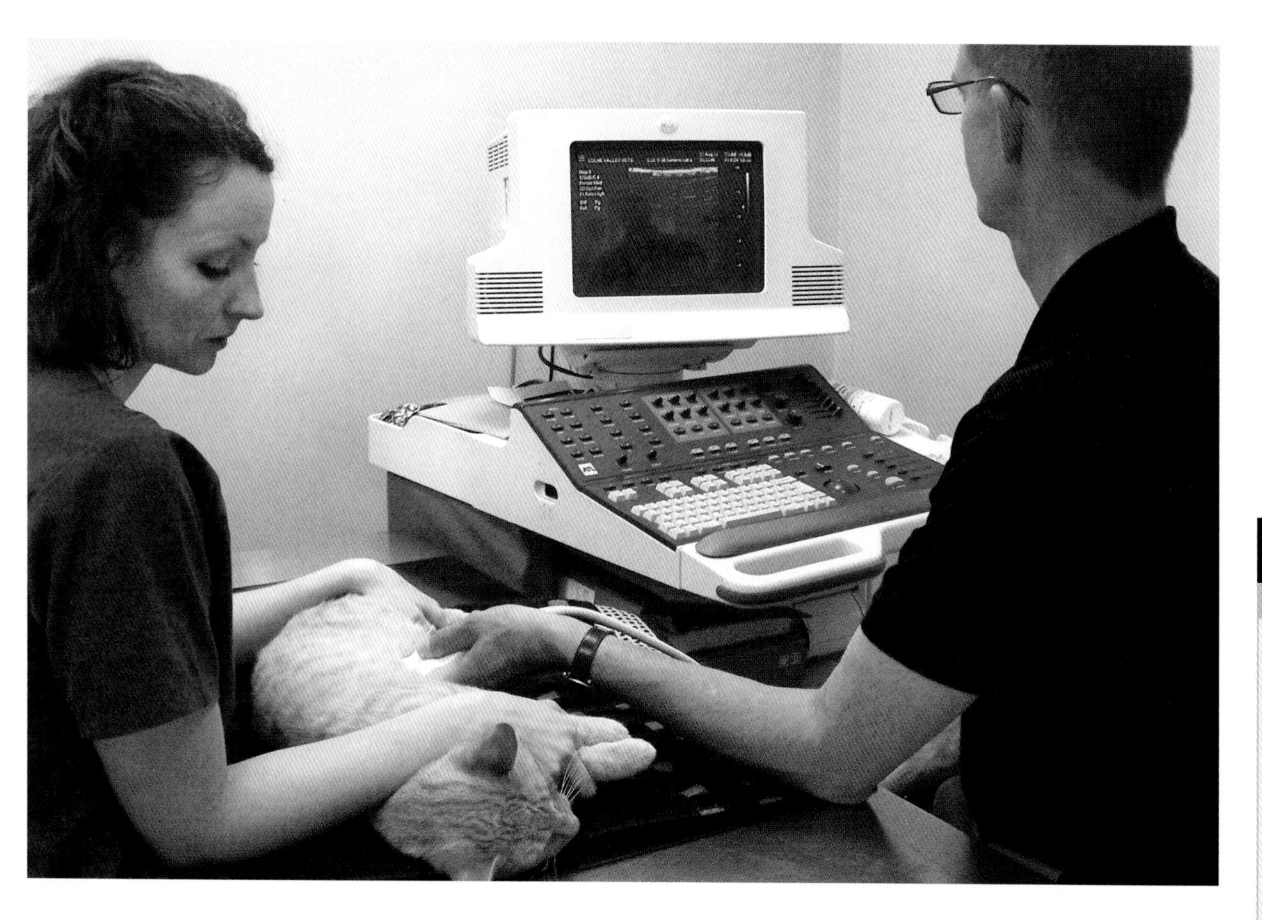

△ **超声波扫描**
宠物医生可以用超声波扫描仪来确认猫是否怀孕了。在怀孕 3~4 周内，可以在超声波扫描仪上看到这些正在发育中的幼猫。

产前护理

怀孕的母猫需要大量的营养，在妊娠末期她的食欲会增加。宠物医生可以提供喂养方面的指导，必要时在猫的饮食中添加适当的营养补充剂。

给猫做寄生虫检查至关重要，因为母猫携带的寄生虫可能传染给幼猫，去往宠物医院时，带上猫的粪便样本，以便于检测肠道寄生虫，宠物医生会给出怀孕期间安全的驱虫方式。

在猫临近分娩时，为母猫找一个安静的地方，准备一个产房。产房可以买现成的，也可以选择结实的纸板箱。为了便于母猫出入，产房的一侧应该是开放的，但开口不要太低，以免新生的幼猫翻滚出去。在产房里垫上宠物尿垫（或厚厚的报纸），不仅舒适保暖，在弄脏时也容易更换。为了让母猫适应该区域，鼓励她在产房里待上一段时间，在分娩的时候她会更愿意在该区域分娩（详见第 84~85 页）。

因为猫天生好动，没有必要阻止她跳跃或攀爬，但在怀孕的最后两周，要避免她在户外活动。除非必要，不要抱起母猫，同时确保家里的孩子在与她玩耍时要更轻柔地对待她。

计划外的妊娠

意外的发生可能是因为绝育（详见第 89 页）被推迟了，或者在受孕的关键时期，未发现母猫已经与其他公猫进行了交配。

一旦怀疑猫怀孕了，应及时向宠物医生寻求建议。对于那些还没有发育成熟的猫，怀孕会损害猫的健康。如果母猫在一个发情周期中与多个公猫交配，这些幼猫可能会有不同的父亲。宠物医生可以帮助安置这些计划外的幼猫。

分娩和产后护理

大多数母猫分娩是比较顺利的。宠主只需要保持密切关注，尽可能不去打扰她。如果出现异常，及时联系宠物医生。

检查表

- 宠物医院的电话号码
- 清洁毛巾
- 宠物尿垫（或报纸）
- 垃圾袋
- 乳胶手套
- 猫用消毒剂

分娩

母猫临近分娩时，通常会变得不安，可能会拒食。当开始宫缩时，她会前往产房。但是，母猫有时会在最后一刻改变主意，决定在其他地方分娩，所以要时刻关注母猫的动向，确保她不会去到一个宠主不知道的地方分娩。

分娩的第一阶段，一般持续6个小时，其中，有规律的收缩并伴随着子宫颈逐渐打开。母猫会喘气，伴随着呼噜声，这些都不会有明显的痛苦迹象。此时阴道会有分泌物出现。

当分娩进入第二阶段时，母猫开始“竭尽全力”，每一次收缩都会推送幼猫逐渐穿过产道。大约30分钟内，灰色的气泡出现在阴道口，这是包裹幼猫的薄膜。再经过几次收缩，幼猫会被推到外面的世界。分娩的最后阶段会排出胎盘，每只幼猫都会有一个单独的胎盘。

其余的幼猫将可能在几分钟内相继出生，但是在一些猫的分娩中，两次分娩之间可能会有一两个小时的间隔。

正常的分娩，只需要留意分娩过程，不要太靠近母猫或者打扰她。如果第二阶段的分娩持续了两个小时以上且没有产下任何幼猫，分娩的间隔时间异常长，宫缩已经停止，但怀疑母猫体内还有未出生的幼猫，就有必要采取措施了。千万不要试图自己解决分娩问题。如果母猫出现分娩困难，请立即致电宠物医生，寻求帮助。

第一次舔舐
幼猫一出生，母猫就会把它舔干净，用舌头去除周围的薄膜，刺激幼猫呼吸。

出生后

在大多数情况下，即使是第一胎，母猫也知道该怎么做，并且非常熟练、有序地照顾每只幼猫。她将舔舐幼猫的全身，以清除出生时的液体和周围的薄膜，并刺激幼猫呼吸。她还会咬破连接幼猫和胎盘的脐带。

母猫吃胎盘是很自然的，所

△ **美满的家庭**
母猫在给幼猫喂奶时是放松的。幼猫吮吸到的第一口奶是一种营养丰富的液体，称为初乳，含有抗体，可以为幼猫提供保护，抵抗疾病。

以不要试图阻止她。刚被母猫舔舐后的幼猫会马上开始用鼻子嗅寻妈妈，寻找乳头，以获得初乳。

如果一切顺利，不久之后，整窝幼猫和它们的母亲就会相互亲近。尽量少打扰它们，除非需要更换幼猫箱（产房）中弄脏的窝垫。

为母猫提供食物、水和一个就近的猫砂盆，确保母猫不必远离幼猫，让幼猫更有安全感。虽然猫的产后并发症不常见，但在分娩后的几天里，仍需要密切关注母猫和幼猫的状态。对于刚分娩的母猫来说，一些轻微的阴道出血和少量分泌物是正常的，一般会持续数天。如果发现母猫有以下迹象，必须立刻联系宠物医生。

- 长期阴道出血或严重阴道出血，或恶臭的浑浊分泌物。
- 乳头周围发热和肿胀，伴有分泌物。
- 烦躁不安和食欲不振。

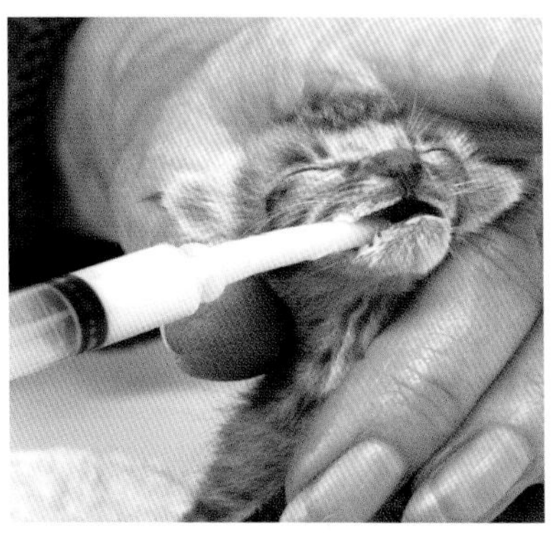

△ **滴管喂养**
极少数情况下，幼猫需要人工喂养。使用正确的设备、奶粉和技术是至关重要的，所以一定要征求宠物医生的意见。

- 昏昏欲睡，对幼猫缺乏照顾。

幼猫生长异常也反映出母猫的健康需要及时检查。已成为孤儿或被母猫拒绝哺育的幼猫可以通过人工饲养存活下来，但这需要花费时间、耐心以及宠物医生的帮助。

新生幼猫护理

确保新生幼猫的福利和安全是宠主的责任，但并不一定要花费很多的精力。母猫本能地知道如何抚养一窝幼猫。

前几周

在它们断奶之前，幼猫需要一直和母亲及同窝幼猫待在一起。母猫不仅是保护者和营养来源，也是幼猫的行为老师。只有与同窝的其他猫互动，幼猫才会学习到社交和生活技能。除非有绝对必要，否则不建议将任何一只幼猫带离这一群体。

幼猫在 4 周大的时候就开始一起玩游戏了，一些玩具可以激发它们的兴趣。

它们非常喜欢滚动的物体，但不要提供任何可能卡住和损坏幼猫爪子的东西。即使游戏经常会导致猫窝乱糟糟的，也没有必要把它们分开。

它们之间不太可能互相伤害，模拟战斗是它们身心发展的重要组成部分。

时刻关注幼猫们的位置，特别是，一旦它们可以爬行，很有可能就会爬出猫箱，并且很容易在房子里爬行时被踩踏或受伤。在幼猫接种完疫苗之前，不要让它们去户外（详见第 16~17 页）。

使用猫砂盆

在训练幼猫使用猫砂盆这件事上，要做的工作非常少。

大约在 3 周大的时候，它们的四肢可以自由活动，它们就会开始模仿母猫，在母猫排泄的时候，它们就会往猫砂盆里跑。

虽然日龄大的猫更喜欢独自使用猫砂盆，但幼猫往往会一起

发育阶段

刚出生的幼猫是看不见也听不到的，完全依赖母猫，但听觉、视觉发育得很快。在几周时间内，娇弱的幼猫就会变得活泼好动，在此期间也会学会一只猫生存所需的基本技能。

猫一般在 12 个月左右成年，但也有些猫需要更长的时间才能达到体成熟。

△ **5 天**

虽然眼睛还没有睁开，但幼猫对周围的世界已经有了一些感觉。耳朵耷拉着，听力仍未发育。

△ **2 周**

眼睛已经睁开，但视觉还不完善。在几周内，所有幼猫的眼睛都是蓝色的，会逐渐转变为该品种的永久色。

△ **4 周**

幼猫开始探索，起身奔跑，尾巴竖起来保持平衡，视觉和听觉都已发育成熟，消化系统也能够适应固体食物。

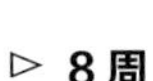

▷ **8 周**

幼猫非常活跃，对任何东西都很感兴趣，表现出猫科动物特有的习惯，如自我梳理，会通过扑打玩具或与其他幼猫玩耍来练习狩猎。断奶在这个阶段完成。

△ **10 周**

这一窝的幼猫，可能就要相互分开了。在这个年龄段进行疫苗接种十分必要。

◁ **等待领养**
作为繁育者，要和这些被自己日夜照顾的幼猫分开是很不舍的，但这些幼猫已经成长为独立的个体，也准备好去新的家庭。

“要时刻注意幼猫的行踪。它们会到处乱跑。”

使用同一个猫砂盆。

为它们提供一个足够大且较浅的猫砂盆，确保它们可以轻松地爬进去。幼猫们有一种内在的本能，喜欢在松散、柔软的材料中抓挠，猫砂散落一地是不可避免的，所以要在猫砂盆周围铺上一次性垫子（或报纸），方便接住猫砂。

意外状况不可避免，但可以通过观察幼猫的行为动作，将意外发生的概率降到最低。如果看到幼猫蹲在地上准备排泄时，轻轻地把它捞起来，放到猫砂盆里。千万不要突然抓起它，或突然发出声响，试图阻止它在地上大小便，这样只会惊吓到它。如果来不及将幼猫送到猫砂盆，可以把幼猫放在一张报纸上。当它排泄完后，将幼猫和报纸一起放进猫砂盆里，以强化它的记忆，将排泄与猫砂盆联系起来。

▷ **学习清洁的习惯**
幼猫模仿母猫的行为，在很小的时候就掌握了如何使用猫砂盆。

断奶

大约 4 周龄，幼猫会长出一些乳牙，逐渐从母猫的乳汁转向采食固体食物，为断奶做好准备。如同训练使用猫砂盆一样，依靠母猫来示范这一技能就可。幼猫会模仿母猫用碗采食的方式，除了提供食物外（详见第 28~29 页），不应该干涉幼猫的其他行为。只有在非常特殊的情况下，例如，当幼猫成为孤儿时，才有必要进行人工断奶。如果遇到这个问题，请向宠物医生寻求帮助。

在断奶之初，幼猫更倾向于用爪子抓食物，而不是吃食物，所以要把碗放在垫子上（或者报纸上），做好食物被弄得一团糟的准备。随着固体食物摄入量的增加，幼猫对母乳营养依赖性越来越小，母乳也会逐渐减少。大多数幼猫在 8 周龄左右可以完全断奶。

幼猫健康检查

为了有一个最好的开始，尽快带幼猫去宠物医院进行全面检查和疫苗接种。在宠物的一生中，每年都要进行健康检查。

准备去宠物医院

只要事先为幼猫外出做好准备，第一次带它去看宠物医生就应该不会有什么压力。最重要的事情是让幼猫习惯待在猫包里（详见第 18~19 页）。通过玩具和零食来鼓励，练习出入猫包，让它把猫包和食物乐趣联系起来，这样即使待在猫包中也会感到安全和舒适。拿起装有幼猫的猫包走动，让它习惯移动的感觉。

这些练习的时间要短，千万不要简单地把幼猫关在猫包里，让它自己待着。

如果幼猫在平时接触到许多不同的人或者其他宠物，那么当它在宠物医院遇到陌生人或者宠物时，更有可能表现得很平静。

如果可以的话，尽可能在整个就诊过程中陪伴它，为它提供安慰。

△ **没有意外**
通过训练幼猫喜欢上它的猫包，为第一次去宠物医院做好心理准备。

第一次健康检查

即使幼猫已经接种了疫苗，早期的健康检查仍然很重要。在第一次检查中，宠物医生会对幼猫进行全面检查。

其中包括检查眼睛和耳朵，摸一摸全身是否有异常，听一听心脏，检查四肢是否灵活，检查被毛是否有跳蚤。如果幼猫没有接种过疫苗且日龄足够大的话，会给它接种疫苗。间隔一段时间后，需要返回宠物医院进行第二次免疫接种，以完成完整的免疫程序。

在健康检查中，宠物医生会回答关于猫护理的常见问题，并提供关于控制常见寄生虫的建议，如蠕虫、跳蚤和耳螨。同时这也是向宠物医生咨询幼猫绝育问题的合适时机。

“第一次去宠物医院，宠物医生会给幼猫做全面检查。”

大多数幼猫在第一次去宠物医院之后，会有一个健康证明，但随着幼猫年龄的增长，健康问题不可避免地会出现。与其等到猫发病，建议不如每年为猫体检一次，以及早发现和处理潜在的问题。后续检查包括全面检查和必要时加强疫苗

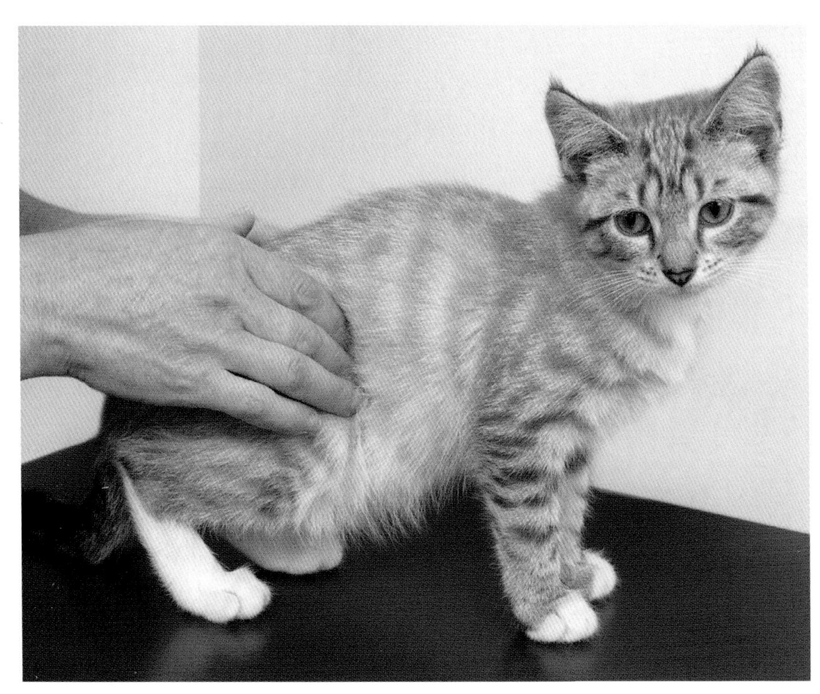

◁ **全身检查**

作为常规检查的一部分，宠物医生会触摸幼猫的全身，寻找异常情况，如肿块或疼痛点。

▽ **检查跳蚤**

宠物医生会梳理幼猫的被毛，以查看跳蚤或跳蚤的污垢。严重的跳蚤寄生会导致贫血。

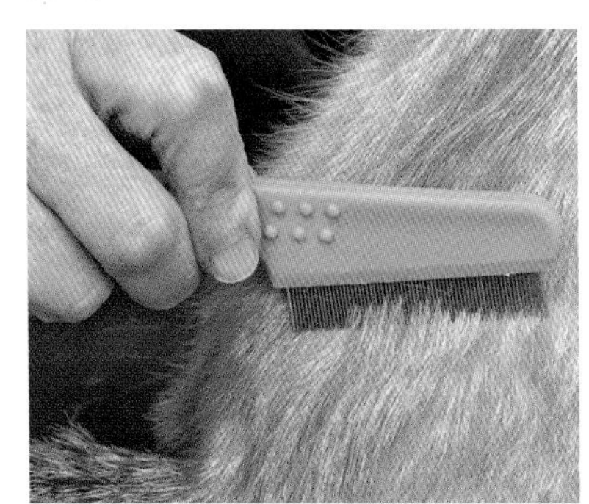

接种。在这些定期检查中，宠物医生会提醒注意猫的一些体征变化，例如，体重的增加或减少（详见第44~45页）。

绝育

首先要与宠物医生讨论的是绝育，这是一个在全身麻醉下切除雌性卵巢和子宫以及雄性睾丸的常规手术。除了避免猫意外怀孕，给猫做绝育还有其他好处。

未绝育的公猫会在离家很远的地方游荡寻找伴侣，作为对母猫的一种吸引召唤，公猫会在其领地周围呲尿，甚至会在家里呲尿。这些在外面游荡的公猫可能会具有攻击性，随时准备与任何它们认为是对手的猫争斗。未绝育的母猫有频繁怀孕的风险，而且在发情期的时候，它们会变得焦躁不安，不停地嚎叫以吸引公猫，这对猫和宠主都是一种压力。绝育后，这些性行为要么消失，要么永远不会发展，公猫和母猫都更愿意选择平静的家庭生活。

绝育还可以减少感染性病的概率，包括在猫之间传播的猫艾滋病，也避免了生殖器官患癌症的风险。

通常宠物医生建议幼猫在未达到性成熟之前进行绝育，一般在4个月左右的时候。

需要绝育的猫需要在宠物医院待上几个小时，绝育的猫通常几天就会从手术中恢复过来。雌性猫的皮肤上可能会有一些缝合线或者根本就没有。

宠物医生会告知缝合线是否是可以溶解的，对于可以溶解的皮肤缝合线，缝合线会逐渐自动消失，不可溶解的缝合线，通常在手术后10天左右进行拆线。

植入微型芯片

给幼猫植入芯片意味着，如果它走失或发生事故，可以很容易地识别它的身份。芯片上有一串可以通过扫描仪读取的数字。宠物医生在肩胛骨之间的皮肤下注射只有米粒大小的微小装置。植入后，芯片会终生存在猫的皮肤下。在以后的就诊中，宠物医生可以用微型芯片扫描仪来读取宠物信息。微型芯片只有在存储的数据信息保持最新的情况下才有用处。

术语

麻醉剂
一种避免猫在手术中感到疼痛的药物。全身麻醉剂通常以气体或注射的方式给予，使猫暂时失去意识。局部麻醉剂是使身体的一个小区域麻痹。

抗生素
一种破坏或抑制微生物生长的药物。

抗组胺药
一种用于缓解过敏症状的药物，如瘙痒或打喷嚏。

品种
一群有着共同外貌和行为特征的猫，这些特征代代相传。

先天性缺陷
一出生就存在的身体缺陷，可能是遗传性的（见遗传性疾病），也可能是胎儿在子宫内发育时出现的。

皮质类固醇
用于缓解炎症、关节疼痛或瘙痒等过敏性症状的药物。

CT 扫描
是“计算机断层扫描”的缩写。一种影像处理过程，用计算机处理 X 光片，使骨骼、软组织和血管切片可见。

DNA
每一种生物细胞中所含的一种遗传物质，调控生物体的发育、结构和功能。DNA 代代相传。

ECG
心电图的简称，是一种诊断性测试，用仪器记录心脏的电活动。心电图用于检测心脏问题，如异常的心律。

伊丽莎白项圈
锥形的大塑料项圈，套在猫的脖子和头上。它的目的是阻止猫舔或咬身上的伤口，用于保护受伤的部位或手术部位。

FCV
猫杯状病毒是猫流感的主要原因之一（另见 FHV），可以接种 FCV 疫苗。

FHV
猫疱疹病毒，是导致猫流感的两个常见原因之一（另见 FCV），可以接种 FHV 疫苗。

基因
含有产生特定物理结构或功能的一段 DNA 指令。

低过敏性饮食
一种用于识别和控制食物过敏的限制性饮食。一些宠物食品制造商为猫生产特殊的低过敏性食品。

炎症
身体某个部位的发红和肿胀，通常也会有疼痛感。可能由感染或创伤引起。

遗传病
也叫遗传性疾病，是一种从一代传到下一代的健康问题。

家猫
一种随机繁育的猫，通常亲缘关系不明，通常被定义为“家养短毛猫”或“家养长毛猫”。

MRI
核磁共振成像的简称，是一种医学扫描技术，利用磁场和无线电波来产生身体内部组织图像。

突变
由缺陷基因引起的生理特征。其中一种突变就是多指畸形——拥有多余的脚趾。有些突变可能是通过选择性繁育而保留的，如日本短尾犬的尾巴。

绝育
切除猫的生殖器官，使其不能生育。对雄性来说，这涉及阉割（切除睾丸），而对雌性来说，这涉及绝育（切除子宫和卵巢）。未做绝育的猫被称为“完整的猫”。

血统
对于一只特定品种的猫来说，血统是该猫近期祖先的书面记录。纯种猫有时被称为“血统”猫。

产后
意思是“出生后”。如母猫和幼猫的产后护理。

产前
意思是“出生前”。如怀孕母猫的产前护理。

繁育母猫
一只母猫，生育幼猫的过程被称为“繁育”。

放射线成像
由对 X 射线、γ 射线或其他形式的辐射敏感的平板或凝胶生成的一种图像。放射性摄影通常用于医疗检查。

针梳
一种宽而扁平的刷头和细的金属刷毛，用来清除死的、缠结的毛发。

社会适应性
幼猫适应陌生人和其他动物的能力。

TICKED
一种被毛图案，每根毛轴有交替的浅色和深色条纹，也被称为野鼠色。

TOM
未经绝育的公猫。

顶毛
双层被毛的外层，由长而坚韧、防风的毛发组成。

超声波
使用超声波产生的图像，可以显示内部组织。主要用于疾病诊断和监测怀孕。

底层
双层被毛的内层，由柔软、温暖、密集的毛发组成。

接种疫苗
也叫免疫，用于防止猫感染特定的细菌或病毒的操作程序。它包括接种——将疫苗（含有弱毒或灭活的细菌或病毒的物质，也叫抗原）注射到猫体内。猫的免疫系统会攻击疫苗中的抗原，这样就会“学会”在未来攻击真正的抗原。

断奶
幼猫从喝母乳到吃固体食物的过程。一般发生在 4~8 周龄。

实用的联系方式

英国

新猫和幼猫的来源

信誉良好的救援组织是新生幼猫和成年猫的优质来源。试着找一个救助中心，在那里的猫都会经过评估，这样就可以选择一个习性与宠主生活方式相适应的猫。以下是寻找新猫时可以联系的组织。

犬猫之家
Battersea Dogs and Cats Home
www.battersea.org.uk
邮箱：info@battersea.org.uk
电话：020-7622-3626
4 Battersea Park Road, London, SW8 4AA

蓝十字协会
Blue Cross
www.bluecross.org.uk
电话：0300-777-1897
Shilton Road, Burford, Oxon, OX18 4PF

猫保护联盟
Cat's Protection League
www.cats.org.uk
电话：08707-708-649
National Cat Centre, Chelwood Gate, Haywards Heath, West Sussex RH17 7TT

皇家防止虐待动物协会
Royal Society for the Prevention of Cruelty to Animals
www.rspca.org.uk
电话：0300-1234-555
RSPCA Enquiries Service, Wilberforce Way, Southwater, Horsham, West Sussex RH13 9RS

动物收容所
Wood Green Animal Shelters
www.woodgreen.org.uk
电话：0844-248-8181
Wood Green, The Animals Charity, King's Bush Farm, London Road, Godmanchester, Cambridgeshire PE29 2NH

行为问题

如果猫有行为问题，最好尽快寻求帮助。寻找既有实践经验又有理论知识的人。他们应该在宠物行为顾问协会或APBC注册（见下文），从事宠物医生转诊工作，并参与投保。

宠物行为顾问协会
Association of Pet Behaviour Counsellors
www.apbc.org.uk
邮箱：info@apbc.org.uk
电话：01386-751151
PO Box 46, Worcester, WR8 9YS

其他信息

猫科动物协会是一个繁育和展示纯种猫的注册机构，也为购买和繁育纯种猫提供建议。国际猫护理协会（前身为猫顾问局）提供了大量关于照顾猫的信息。

猫科动物协会
Governing Council of the Cat Fancy
www.gccfcats.org
电话：01278-427-575
5 King's Castle Business Park, The Drove, Bridgwater, Somerset TA6 4AG

猫国际护理协会
International Cat Care
www.icatcare.org
邮箱：info@icatcare.org
电话：01747-781-782
Taeselbury High Street, Tisbury, Wiltshire SP3 6LD

美国和加拿大

新猫和幼猫的来源

信誉良好的救援组织是新生幼猫和成年猫的优质来源。试着找一个救助中心，在那里的猫都会经过评估，这样就可以选择一个习性与宠主生活方式相适应的猫。以下是一些可供参考的全国性组织，在寻找新猫时可以联系他们，当然在美国和加拿大还有更多的地区性机构。

美国防止虐待动物协会(ASPCA)
American Society for the Prevention of Cruelty to Animals (ASPCA)
www.aspca.org
电话：212-876-7700
424 E. 92nd St, New York, NY 10128-6804

加拿大人道主义协会联合会
Canadian Federation of Humane Societies
www.cfhs.ca
邮箱：info@cfhs.ca
电话：613-224-8072
102-30 Concourse Gate, Ottawa, Ontario, K2E 7V7

美国动物保护协会
The Humane Society of the United States
www.hsus.org
电话：202-452-1100
2100 L St, NW Washington, DC 20037

行为问题

如果猫有行为问题，最好尽快寻求帮助。寻找既有实践经验又有理论知识的人。他们应该在宠物行为顾问协会或APBC注册（见下文），从事宠物医生转诊工作，并参与投保。可联系以下组织或宠物医生介绍一些值得信任的人。

国际动物行为顾问协会
The International Association of Animal Behavior Consultants
www.iaabc.org
电话：484-843-1091
565 Callery Road, Cranberry Township, PA 16066

动物行为协会
Animal Behavior Society
http://www.animalbehavior.org/

其他信息

美国的猫爱好者协会和加拿大的猫协会都是繁育和展示纯种猫的注册机构。

猫爱好者协会
Cat Fanciers' Association
www.cfainc.org
电话：330-680-4070
The Cat Fanciers' Association, Inc.,
260 East Main Street, Alliance, OH 44601

加拿大猫协会
Canadian Cat Association
电话：330-680-4070
The Cat Fanciers' Association, Inc.,
260 East Main Street, Alliance, OH 44601

索引

E

F

G

H

I

K

L

M

N

O

致谢

Dorling Kindersley 要感谢以下人员。
负责校对的 Alice Bowden，负责编制索引的 Margaret McCormack，提供设计协助的 Niyati Gosain 和 Ranjita Bhattacharji，提供编辑协助的 Vibha Malhotra，Alexandra Beeden，Henry Fry，Alison Sturgeon 和 Miezan van Zyl。在 Colne Valley 宠物医院的 Ben Bennett，Clare Hogston，Alison，Anna Logan 以及 Lynsey Williams；在宠物店的 Colchester，Candice Hodge 和 Melissa Cliffe，负责美容摄影的 Weybridge；以及允许他们的猫被拍摄的所有宠物主人，他们分别是（猫的名字）：Keith Bossard（Beth），Melissa Cliffe（Rocky），Cox 夫妇（Hobo），Anna Hall（Tabs 和 Misty），Emma Harding（Daisy），Jane Harding（Lolly），Xanthe Hodgkinson（Daisy），Rachael Parfitt-Hunt（Marvin），Helen Spencer（Harri），Antony Vernan（Milo），John Wedderburn（Lulu 和 Monty）。

图片来源
出版商要感谢以下人士同意转载他们的照片：l= 左边，r= 右边，t= 顶部，c= 中间，a= 上面，b= 下面。

1 Alamy Images: Blickwinkel / McPhoto / Lay. **2-3 Alamy Images:** Natalya Onishchenko. **4-5 Photoshot:** Juniors Tierbildarchiv. **4 Dreamstime.com:** Photowitch (bc). **5 Alamy Images:** Juniors Bildarchiv GmbH (bl). **Getty Images:** -Oxford- / E+ (bc). 6 **Alamy Images:** Juniors Bildarchiv GmbH (tl). **Corbis:** (tr). SuperStock: Biosphoto (tc). 7 **Alamy Images:** Graham Jepson (tl); Juniors Bildarchiv GmbH (tr). **GettyImages:** Cindy Prins / Flickr (tc). **8-9 Dreamstime.com:** Photowitch. **9 Alamy Images:** Juniors Bildarchiv GmbH (ca). Corbis: Image Source (cb). **10 Dreamstime.com:** Qqzoe (bl). **11 Alamy Images:** Jankurnelius (bc). **12 Corbis:** D. Sheldon / F1 Online (cra). **Dreamstime.com:** Victoria Purdie (bl). **13 Alamy Images:** Jerónimo Alba (tr). **16 Alamy Images:** Juniors Bildarchiv GmbH (bl). **Dreamstime.com:** Gkamov (cla). **18 Dreamstime.com:** Stuart Key (ca). **20 Alamy Images:** Isobel Flynn (crb); Tierfotoagentur / R. Richter (cr).**21 Corbis:** Image Source (tl). **Getty Images:** Vstock LLC (br). **22 Alamy Images:** Juniors Bildarchiv GmbH (crb). **23 Corbis:** Mitsuaki Iwago / Minden Pictures (tl). **25 Alamy Images:** Isobel Flynn (ca). **Getty Images:** Les Hirondelles Photography / Flickr (cb). **26 Alamy Images:** Juniors Bildarchiv GmbH (bl). **Dreamstime.com:**Llareggub (crb). **27 Dreamstime.com:**Zoran Milutinovic (tr). **28 Alamy Images:** Juniors Bildarchiv GmbH (br). **29 Corbis:** Splash News (tl). **30 Alamy Images:** Ovia Images (bl). Getty Images: Cindy Prins / Flickr (ca). **36 Alamy Images:** Juniors Bildarchiv GmbH (bl). SuperStock: Juniors (crb). **37 Alamy Images:** Juniors Bildarchiv GmbH (tl). **38 Alamy Images:** Brigette Sullivan / Outer Focus Photos (br). **Getty Images:** Les Hirondelles Photography / Flickr (bl). **39 Alamy Images:** Juniors Bildarchiv GmbH (cla, tr). **40-41 Alamy Images:** Juniors Bildarchiv GmbH. **41 Alamy Images:** Tierfotoagentur / R. Richter (ca). **Getty Images:** Akimasa Harada / Flickr (cb). **44 Alamy Images:** Graham Jepson (cla). **46 Alamy Images:** Petra Wegner (bl). **Getty Images:** Liz Whitaker / Flickr (crb). **50 Alamy Images:** FBStockPhoto (bl). **51 Alamy Images:**Angela Hampton Picture Library (tl). **Getty Images:** GK Hart / Vikki Hart / The Image Bank (tr). **52 Alamy Images:**Nigel Cattlin (bc). **Corbis:** Bill Beatty / Visuals Unlimited (fbr); Dennis Kunkel Microscopy, Inc. / Visuals Unlimited (br). 53 **Alamy Images:** Andrew Robinson (cra). **55 Alamy Images:** Keith Mindham (bl). **Dorling Kindersley:** Kitten courtesy of Betty (tr). **56 Dreamstime.com:** Brenda Carson (crb); Teodororoianu (bl). **57 Alamy Images:** Tierfotoagentur / R. Richter (tr). **58 Alamy Images:** Juniors Bildarchiv GmbH (cra). **60 Alamy Images:** Juniors Bildarchiv GmbH (cra). **Dreamstime.com:** Tyler Olson (bl). **61 Dreamstime.com:** Hellem (cra); Kati Molin (bl). **62 Alamy Images:** Petra Wegner (bl). **63 Alamy Images:** Juniors Bildarchiv GmbH (tl). **Corbis:** Julian Winslow / ableimages (cra). **64 Alamy Images:** Blickwinkel / Mcphoto / Lay (b). **66 Getty Images:** Kin Ming Ho / Flickr (bl). **67 Alamy Images:** Carola Schubbel / Zoonar GmbH (clb). **Getty Images:** Konrad Wothe (cra). **69 FLPA:**Chris Brignell (c). **70 Getty Images:** Akimasa Harada / Flickr (bl). **71 Alamy Images:** Gregory Preest (tl). **Fotolia:**Urso Antonio (bl). **72-73 Getty Images:**-Oxford- / E+. **73 Alamy Images:**Denise Hager / Catchlight Visual Services (ca). **74 Fotolia:** Kirill Kedrinski (bl). **75 Alamy Images:**Brian Hoffman (bl). **Dreamstime.com:** Printmore (cla); Taviphoto (ca). **76 Alamy Images:** Denise Hager / Catchlight Visual Services (bl). **77 SuperStock:** Biosphoto (cl). **78 Getty Images:** Cindy Prins / Flickr Open (br). **79 Alamy Images:** Angela Hampton Picture Library (tr). **81 Getty Images:** David & Micha Sheldon / F1online (cb). **82 Alamy Images:**Juniors Bildarchiv GmbH (clb). **Photoshot:** Juniors Tierbildarchiv (br). **85 SuperStock:** Juniors (t). **87 123RF.com:** Anna Yakimova (tl).